Atanda Ezekiel

Model zanieczyszczenia środowiska

Atanda Ezekiel

Model zanieczyszczenia środowiska

Wydawnictwo Bezkresy Wiedzy

Cover image: www.ingimage.com

This book is a translation from the original published under ISBN 978-620-0-43692-4.

Publisher:
Wydawnictwo Bezkresy Wiedzy
is a trademark of
Dodo Books Indian Ocean Ltd., member of the OmniScriptum S.R.L Publishing group
str. A.Russo 15, of. 61, Chisinau-2068, Republic of Moldova Europe
Printed at: see last page
ISBN: 978-620-0-81447-0

MODEL ZANIECZYSZCZENIA ŚRODOWISKA W OBECNOŚCI ZMIENNEJ DYSPERSJI HYDRODYNAMICZNEJ

BY

ATANDA, EZECHIEL

(MTS/15/5493)

Bsc. (IFE)

ABSTRACT

Badania te dotyczyły modelu zanieczyszczenia środowiska w obecności zmiennej dyspersji hydrodynamicznej. Równania te zawierają terminy uwzględniające adwekcję, przestrzennie zmienną dyspersję hydrodynamiczną, liniową sorpcję równowagi oraz obecność nieliniowej reakcji chemicznej. Rozważane są dwa rodzaje współczynnika dyspersji z odległością w dół. Przyjmuje się, że pierwszy typ dyspersyjności wzrasta jako wielomianowa funkcja z odległością, podczas gdy drugi przyjmuje wykładniczo rosnącą funkcję stężenia. Sformułowano i ustalono istnienie i unikalność teorii roztworu dla ogólnego jednowymiarowego równania rządzącego, [Adebile, (2004)]. Równania rządzące są rozwiązane dla dwóch przypadków. W pierwszym przypadku dyspersja hydrodynamiczna jest zależna od przestrzeni, a w drugim przypadku współczynnik dyspersji jest wykładniczą funkcją koncentracji. Ponieważ uogólnione równanie rządzące jest nieliniowe i nie posiada dokładnego rozwiązania, w obu przypadkach uzyskuje się przybliżone rozwiązanie analityczne oparte na regularnych perturbacjach.

Do linearyzacji nieliniowych równań zanieczyszczeń zastosowano metody ekspansji serii asymptotycznych. W przypadku jednego, wynikowe równania różniczkowe rzędowe zero i jedno częściowe rozwiązano przyjmując rozdzielenie odpowiednio techniki zmiennej i transformaty laplace'owej, natomiast w przypadku drugiego, podobnie zastosowano technikę transformaty laplace'owej. Odpowiednie numeryczne rozwiązanie problemu pierwszego przypadku uzyskano stosując słynną metodę Crank-Nicolsona. Wykresy są obszernie wykreślone w celu pokazania profili przepływu zanieczyszczeń. Wyniki pokazują, że stężenie wzrasta wraz z malejącymi wartościami prędkości przepływu i początkowej dyspersji hydrodynamicznej. Ponadto, stężenie spada wraz z oddalaniem się od źródła zanieczyszczeń. Jest to zgodne ze zjawiskiem fizycznym. Również stężenie jest wprost proporcjonalne do współczynnika szybkości reakcji. Rozwiązania liczbowe są w bardzo dobrej zgodzie z przybliżonym rozwiązaniem analitycznym.

Spis treści

ABSTRACT 2
ROZDZIAŁ I 4
WPROWADZENIE 4
ROZDZIAŁ II 9
PRZEGLĄD LITERATURY 9
ROZDZIAŁ III 20
METODYKA BADAWCZA 20
PORÓWNANIE ROZTWORU ANALITYCZNEGO I NUMERYCZNEGO .. 72
ROZDZIAŁ IV 84
WYNIKI I DYSKUSJA 84
ROZDZIAŁ V 88
WNIOSEK I ZALECENIE 88
REFERENCJE 89
DODATKI 94

ROZDZIAŁ I
WPROWADZENIE

1.1 INFORMACJE OGÓLNE DOTYCZĄCE BADANIA

Zanieczyszczenie jest powodowane przez substancje ogólnie sklasyfikowane jako zanieczyszczające. Zanieczyszczenia to wszelkie substancje lub grupy substancji obecne w ilościach szkodliwych dla żywych organizmów. Substancja może być użyteczna, jeśli jest obecna w dopuszczalnej ilości, ale staje się zanieczyszczeniem, jeśli jej stężenie wzrasta powyżej pewnego poziomu. Na przykład, stężenie dwutlenku węgla w powietrzu wynosi 0,033%. Przy takim stężeniu jest on nieszkodliwy dla zwierząt i przydatny dla roślin. Ale jeśli jest obecny w znacznie wyższym stężeniu, dwutlenek węgla jest klasyfikowany jako zanieczyszczenie, ponieważ staje się szkodliwy dla zwierząt. Zanieczyszczenie wód gruntowych jest definiowane przez większość agencji regulacyjnych jako każda fizyczna, chemiczna, biologiczna lub radiologiczna substancja lub materia w wodach gruntowych. Zanieczyszczenie może wystąpić w wyniku procesów naturalnych, działalności rolniczej, spływów miejskich, praktyk związanych z usuwaniem odpadów, wycieków i wycieków itp. Proces naturalny obejmuje ługowanie złóż chemicznych, co dodatkowo powoduje zwiększenie stężenia chlorków, siarczanów, azotanów i innych nieorganicznych substancji chemicznych. Oprócz ługowania, drugim najważniejszym źródłem jest spływ. W wodzie tej znajdują się metale, pestycydy, mikroorganizmy i inne organiczne substancje chemiczne. Trzecim ogólnym źródłem zanieczyszczenia wód gruntowych jest usuwanie odpadów. Obejmuje ono usuwanie odpadów płynnych i stałych. Do odpadów ciekłych zalicza się odpady z szamb, szamba, ścieki, osady ściekowe w odniesieniu do odpadów przemysłowych, konfiskaty powierzchniowe i studnie iniekcyjne są prawdopodobnie największymi przyczynami zanieczyszczenia wód podziemnych [Patil i Chore, (2014)].

Problem transportu zanieczyszczeń w wodach gruntowych i powierzchniowych gleby jest przedmiotem wielu ostatnich i starych badań teoretycznych i eksperymentalnych. Wynika to ze zwiększonej świadomości społecznej na temat znacznego zanieczyszczenia wód gruntowych i powierzchniowych przez wycieki przemysłowe, komunalne, chemiczne, rolnicze, przypadkowe oraz skutki skażenia gleby wynikające z jej zasypywania i zakopywania materiałów niebezpiecznych. Przepływ i rozprzestrzenianie się płynów przez porowate media, takie jak gleby, parkingi koralików, ceramika i beton, odgrywają ważną rolę w różnych procesach środowiskowych i technologicznych. Przykłady obejmują rozprzestrzenianie się i oczyszczanie podziemnych odpadów niebezpiecznych, odzyskiwanie ropy naftowej oraz procesy separacji, takie jak kataliza chromatograficzna i degradacja budynków. Do właściwej oceny przyszłego rozwoju zanieczyszczenia wód podziemnych, oceny, ochrony i działań naprawczych oraz do stymulowania migracji zanieczyszczeń ze składowisk odpadów niezbędne jest modelowanie transportu solutycznego. Nie jest zatem zaskakujące, że stymulacja transportu solutu stała się głównym tematem istotnych światowych wysiłków badawczych. Odpowiednie środki do przewidywania poziomu zanieczyszczeń podczas ich transportu stały się dla badaczy coraz większym wyzwaniem. Problemy te obejmują określenie linii przepływu wód podziemnych, czasu przemieszczania się wody wzdłuż linii przepływu oraz przewidywanie rodzaju zmian chemicznych, które zmieniają stężenie podczas transportu, [Chamkha, (2007)].

Dyspersja hydrodynamiczna: Dyspersja hydrodynamiczna cieczy w środowisku porowatym jest połączeniem efektu dyfuzji i adwekcji Browna. Realistycznie nie można rozdzielić transportu przez dyfuzję i mechaniczną dyspersję podczas przepływu wód gruntowych. Wyrównujemy te dwa pojęcia we współczynniku dyspersji hydrodynamicznej. Nie cały transport odbywa się przy średniej liniowej prędkości wód gruntowych (adwekcyjnej). W trakcie transportu dochodzi do mieszania (rozcieńczania) roztworu z powodu zmiany prędkości przepływu wód gruntowych. Ten proces mieszania nazywany jest dyspersją hydrodynamiczną i jest spowodowany przede wszystkim zmiennością przestrzenną prędkości przepływu wód gruntowych oraz w mniejszym stopniu dyfuzją molekularną. Mieszanie spowodowane zmiennością przestrzenną prędkości przepływu wód gruntowych nazywane jest dyspersją mechaniczną. Powoduje ona rozprzestrzenienie się substancji rozpuszczonej, a tym samym rozcieńczenie stężenia. Zgodnie z równaniem dyspersji adwekcyjnej, przenoszenie masy jest kontrolowane przez dwa mechanizmy, zwane adwekcją i dyspersją. Adwekcja to przenoszenie zanieczyszczeń przez średnią prędkość w strumieniu przepływu. Dyspersja lub dyfuzja oznacza rozprzestrzenianie się zanieczyszczeń w medium. Adwekcja oznacza ruch substancji rozpuszczających w powiązaniu z cieczą o średniej prędkości wody. Dyspersja składa się z mechanicznej dyspersji hydrodynamicznej i dyfuzji molekularnej. Dyspersja mechaniczna odnosi się do dyspersji i mieszania spowodowanego zmiennością prędkości, z jaką porusza się woda i mieszaniem się płynu na skutek wpływu nierozpuszczonych niejednorodności w rozkładzie przepuszczalności. Dyfuzja molekularna jest spowodowana niejednorodnością rozkładu zanieczyszczeń w cieczy. Cząsteczki zanieczyszczeń w wysokim stężeniu przemieszczają się do obszarów o niskim stężeniu, tworząc jednolity rozkład stężeń. Współczynnik retardationu uwzględnia wpływ sorpcji na prędkość zanieczyszczeń. Retardation powoduje, że ruch zanieczyszczenia w kierunku odchyleń od średniej prędkości zmienia jego średnią prędkość globalną tak, że może być znacznie wolniejszy niż prędkość wody gruntowej, jest to spowodowane chemicznym i fizycznym efektem adsorpcji, który powstrzymuje zanieczyszczenie i nie pozwala na jego postęp, dopóki adsorpcja odpowiadająca adsorpcji chemicznej nie zostanie osiągnięta równowaga [Landage i Keshari, (2016)].

Proces transportu: Aby przewidzieć konsekwencje zanieczyszczenia wód podziemnych dla środowiska, należy wiedzieć, gdzie i kiedy zanieczyszczenie będzie przeszkadzało, oraz jakie są jego potencjalne stężenia. Zanieczyszczenie wprowadzane jest do wód podziemnych poprzez: adwekcję, która jest spowodowana przepływem wód podziemnych, dyspersję, która jest spowodowana mieszaniem mechanicznym i dyfuzją molekularną oraz opóźnienie, które jest spowodowane adsorpcją.

Adwekcja jest ruchem rozpuszczonego roztworu z przepływającymi wodami gruntowymi z prędkością przesączania w mediach porowatych. Adwekcja i dyspersja hydrodynamiczna są właściwościami fizycznymi, które kontrolują strumień solutu. Jest ona wynikiem dwóch procesów - dyfuzji molekularnej i mechanicznego mieszania. Mechaniczna dyspersja lub mechaniczne mieszanie zachodzi, gdy zanieczyszczone wody gruntowe mieszają się z niezanieczyszczonymi wodami gruntowymi, w wyniku czego następuje rozcieńczenie zanieczyszczenia, które nazywane jest dyspersją. Dyfuzja molekularna jest procesem, w którym składniki jonowe lub molekularne poruszają się w kierunku ich gradientu stężenia. W tym procesie składniki przemieszczają się z regionów o wyższym stężeniu do regionów o niższym stężeniu, im większa różnica, tym większe jest tempo dyfuzji. Sorpcja to wymiana cząsteczek i jonów pomiędzy fazą stałą a ciekłą, w tym adsorpcja i desorpcja. Adsorpcja polega na przyłączeniu cząsteczek i jonów z substancji rozpuszczonej do transportu zanieczyszczeń przez porowate ośrodki: Przegląd doświadczalnej fazy stałej powodującej zmniejszenie stężenia substancji rozpuszczonej nazywa się Retardation. Desorpcja polega na uwalnianiu cząsteczek i jonów z fazy stałej do substancji rozpuszczonej [Patil and Chore,

(2014)].

1.1 MOTYWACJA

Podjęto kilka prób analizy równania stężenia ze zmienną dyspersją hydrodynamiczną. Więcej prac w literaturze otwartej dotyczy równania adwekcyjnego dyspersji o stałej hydrodynamicznej, dyspersji. W związku z tym istnieje potrzeba uzyskania większej ilości informacji na temat monitorowania, kontroli i sposobów unikania zagrożenia zanieczyszczeniem.

1.2 OGÓLNY CEL BADANIA

Ogólnym celem badań była modyfikacja głównego równania zanieczyszczenia środowiska [Aiyesimi, (2004)] tak, aby dyspersja hydrodynamiczna była traktowana jako zmienna funkcja przestrzeni lub czasu i uzyskanie przybliżonych rozwiązań analitycznych dla matematycznego modelu zanieczyszczenia środowiska o zmiennej dyspersji hydrodynamicznej do porównania z odpowiednimi rozwiązaniami numerycznymi.

1.3SZCZEGÓŁOWE CELE BADANIA

Celem badań jest:

a) przedstawić pełny i dokładny przegląd modelu środowiskowego dla zanieczyszczeń o zmiennym rozproszeniu hydrodynamicznym;

b) zbadać istnienie i niepowtarzalność rozwiązania dla modelu zanieczyszczenia środowiska i uzyskać kryteria istnienia i niepowtarzalności rozwiązania;

c) uzyskać przybliżone roztwory analityczne i numeryczne dla regulującego równania stężenia zanieczyszczeń o zmiennej dyspersji hydrodynamicznej;

d) zbadać wpływ dyspersji hydrodynamicznej i szybkości reakcji chemicznej na model zanieczyszczenia środowiska;

e) powiązać uzyskane wyniki z chemią badania

1.4 METODOLOGIA

W celu ustalenia celów badań zbierane są informacje ogólne o badaniu, źródła informacji, przegląd powiązanych literatur, źródeł informacji i materiałów referencyjnych. Modele matematyczne problemu są formułowane dla konkretnych przypadków. Sformułowano również i ustalono istnienie i niepowtarzalność twierdzenia o rozwiązaniu problemu w obecności i przy braku reakcji chemicznej. Dla obu przypadków uzyskuje się przybliżone rozwiązania analityczne. Podkreślono główne wyniki badania. Omówiona jest uwaga końcowa.

ROZDZIAŁ II
PRZEGLĄD LITERATURY

2.0 PRZEGLĄD POWIĄZANYCH LITERATUR

Przeprowadzono kilka badań dotyczących matematycznego modelowania zanieczyszczenia środowiska. Chociaż prace te są imponujące, większość z tych badaczy zaniedbała praktyczne przypadki, w których dyfuzja molekularna lub dyspersja mechaniczna były zmienne w zależności od lub niezależnych terminów.

Niedawno Landage i Keshari (2016) przedstawiły jednowymiarowy model różnic skończonych do prognozowania rozprzestrzeniania się zanieczyszczeń w warunkach nieliniowości w badaniach laboratoryjnych lub terenowych we wczesnym lub przedłużonym czasie po wycieku. Praktyczne scenariusze chwilowego rozprzestrzeniania się zanieczyszczeń badano dla sytuacji nieliniowej izotermy Freundlicha i nieliniowej izotermy Langmuira. W opracowaniu modelu przyjęto założenie, że gleba jest jednorodna i izotropowa, porowatość gleby, nasycone przewodnictwo hydrauliczne, woda gruntowa dla prędkości porów, współczynnik dyspersji hydrodynamicznej są stałe. Przedstawione przybliżone modele analityczne nie są w stanie przewidzieć postaci smugi zanieczyszczeń przy dużym początkowym stężeniu. Stwierdzono, że przewidywania FDM są wyśmienicie zgodne z rozwiązaniami analitycznymi dla szerokiego zakresu warunków terenowych w odniesieniu do dyspersji i definicji źródła. Nowy opracowany model numeryczny może być wykorzystywany do prognozowania dyspersji zanieczyszczeń w reakcji nieliniowej.

Aiyesimi (2004), modelował zanieczyszczenia środowiska matematycznie przy użyciu nieliniowego preparatu Freundlicha do transportu zanieczyszczeń i otrzymał roztwór analityczny. Dla uproszczenia, założył on, że wszystkie parametry w równaniu rządzącym są stałymi i rozwiązał otrzymane jednorodne równania różniczkowe o stałym mechanicznym rozproszeniu. Badano profil przepływu dla różnych wartości dyfuzji molekularnej (D) i prędkości (U) oraz wpływ tych parametrów na badane stężenie. Symulacja numeryczna wskazuje na spadek stężenia wraz ze wzrostem dyfuzji molekularnej i prędkości przepływu. Wyniki wskazują również na spadek stężenia w miarę oddalania się od punktu źródłowego.

Badano Chamkha (2007), jednowymiarowy adwekcyjno-dyspersyjny transport zanieczyszczeń o stałym współczynniku dyspersji w obecności nieliniowej reakcji chemicznej rzędu 1. Rozważał on szczególny przypadek, gdy dyspersja hydrodynamiczna D = 1 (dyspersja stała) i opracował roztwór analityczny dla nieliniowej reakcji chemicznej pierwszego rzędu. Zaobserwowano, że zależny od skali wielomianowy typ współczynnika dyspersji pozwala na uzyskanie znacznych zmian (redukcji) stężenia zanieczyszczeń we wszystkich fazach reakcji w porównaniu z przypadkiem stałego dyspersji. Natomiast stosunkowo mniejsze zmiany (redukcje) poziomu stężenia przewidywane były dla wykładniczo wzrastającego współczynnika dyspersji.

Gideon *i in.*, (2011), użyli regularnej perturbacji, aby przeanalizować nieliniowe równanie powstające w transporcie zanieczyszczeń. Równanie to charakteryzowało się dyfuzją i absorpcją adwekcyjną. Przyjęli oni, że termin adsorpcji jest modelowany przez izotermę Freundlicha tak, aby mógł być nieliniowy w stężeniu i nieróżniący się w miarę zbliżania się stężenia do zera. Rozważali aproksymację tego równania przy użyciu metody regularnych perturbacji i w ten sposób analitycznie rozwiązali wynikowe równanie liniowe o stałym współczynniku dyspersji. Zaobserwowano, że stężenie wzrasta wraz ze wzrostem warunków perturbacyjnych. Zaobserwowano również, że wraz ze wzrostem terminu adwekcyjnego stężenie spada. Współczynnik dyspersji zmniejsza się wraz ze wzrostem stężenia.

Yadav, *et al.*, (2011) opracowali roztwór analityczny do transportu niereaktywnego rozpuszczalnika w jednorodnych mediach porowatych. Podstawowym założeniem w ich badaniach był współczynnik dyspersji wprost proporcjonalny do prędkości strony morza. Równanie różnicowe zredukowano do stałych współczynników poprzez wprowadzenie nowej zmiennej czasowej. Do rozwiązania wynikowego równania o stałej dyfuzji molekularnej wykorzystano techniki transformacji laplace'owej. Yadav *i in.*, (2011) badali również transport solutu w środowisku porowatym z przepływem okresowym. Przyjmuje się, że prędkość i warunki brzegowe są okresowe. Równanie transportu rozwiązuje się analitycznie za pomocą techniki Laplace Transformation Technique. Z wykresów wynika, że stężenie jest odwrotnie proporcjonalne do odległości.

Archama i Singh (2014) modelowali matematycznie transport zanieczyszczeń ze składowisk odpadów. Opracowano formułę różnic skończonych dla roztworu do jednowymiarowego równania dyspersji adwekcyjnej, przyjmując stałą dyspersję. Symulacja przebiegu walidacyjnego modelu dla dwóch parametrów.

Możliwe niepewności w funkcji źródła chlorku, porównanie danych terenowych i wyników liczbowych uznano za dobre, jeżeli model pasuje do malejących stężeń w górnej części profilu. W przypadku większych głębokości, wyniki modelowe nie zgadzały się z zaobserwowanymi danymi ze względu na zmienność stężenia źródeł w obrębie składowiska oraz z powodu niezidentyfikowanych zmian w lokalnej geochemii.

Gurham. *et al.*, (2013) rozważał liczbowe podejście do równania zanieczyszczenia dyfuzyjnego adwekcyjnego przy użyciu metody kompaktowych różnic skończonych szóstego rzędu. Współczynnik dyspersji i prędkość przepływu uznano za dodatnie, stałe, kwantyfikujące odpowiednio proces dyfuzji i adwekcji. Wyniki obliczeń wskazują, że zastosowanie obecnej metody w symulacji jest bardzo przydatne dla rozwiązania równania adwekcyjno-dyfuzyjnego. Obecna technika wydaje się być bardzo wiarygodną alternatywą dla istniejących technik dla tego typu zastosowań.

Sriraam *et al.*, (2015) rozważali liczbowe podejście do przemieszczania się zanieczyszczeń przez glinę kaolinową. W badaniu zastosowano metodę różnic skończonych i metodę elementów skończonych w celu oszacowania zjawiska przemieszczania się zanieczyszczeń w obecności stałego współczynnika dyspersji solutu.

Sriraam (2015), Wynik i omówienie badania parametrycznego podkreślają wpływ różnych właściwości gleby i zanieczyszczenia na przepuszczalność i stężenie (zanieczyszczenia) zmian w czasie i głębokości. Stwierdzenie to wskazuje, że współczynnik dyfuzji odgrywa ważną rolę w określeniu czasu równomiernego rozłożenia stężenia zanieczyszczeń w kierunku pionowym.

Patils and Chore (2013) przeanalizowali transport zanieczyszczeń przez porowate podłoże w badaniach eksperymentalnych i numerycznych w celu symulacji przemieszczania się zanieczyszczeń w glebie i wodach gruntowych. Dla uproszczenia formuły matematycznej, dyspersja hydrodynamiczna została utrzymana na stałym poziomie.

Constantinos *i wsp.* (1990) przeanalizowali jednowymiarowy transport solutu przez porowate podłoże z przestrzennie zmiennym współczynnikiem opóźniającym. W celu zbadania transportu substancji rozpuszczonych sorbujących, ale niereagujących, w hydrolitycznie jednorodnych, geochemicznie niejednorodnych formacjach porowatych, wyprowadzono analityczną małą perturbację dla rozwiązania pierwszego rzędu do jednowymiarowego równania dyspersji adwekcyjnej ze zmiennym przestrzennie współczynnikiem retardationu. Roztwór ten opracowano dla trzeciego lub typu strumienia na granicy wlotu, które miały zastosowanie przy rozważaniu rezydentnego (objętościowo-średniego) stężenia substancji rozpuszczonej i pół-niepodlegającego porowatego ośrodka. Gdy odległość przesuwu jest znacznie większa niż skala stężenia czynnika opóźniającego, moment zerowy dla przypadku opóźnienia zmiennego jest identyczny jak w przypadku opóźnienia zmiennego. Rozwiązanie problemu perturbacji na skali jest ściśle zgodne z podejściem liczbowym różnic skończonych.

Chem i Liu (2011) przedstawili uogólnione rozwiązanie analityczne dla jednowymiarowego transportu solutnego w skończonej domenie przestrzennej podlegającej arbitralnym, zależnym od czasu warunkom brzegowym. Równanie rządzące zawiera terminy uwzględniające adwekcję, stałą dyspersję hydrodynamiczną, sorpcję równowagi liniowej i procesy rozpadu pierwszego rzędu. Uogólnione rozwiązanie analityczne uzyskano poprzez zastosowanie transformacji Laplace'a w odniesieniu do czasu oraz uogólnionej techniki transformacji całkowej w odniesieniu do współrzędnych przestrzennych. Przedstawiono i porównano niektóre szczególne przypadki, aby zilustrować odporność uzyskanego uogólnionego rozwiązania analitycznego. Opracowane uogólnione rozwiązanie stanowi wygodne narzędzie do dalszego rozwoju analitycznego rozwiązania określonego warunku brzegowego zależnego od czasu lub numerycznej oceny pola stężenia dla dowolnego warunku brzegowego zależnego od czasu. Wykresy profilu stężenia są sinusoidalnie okresowe w odniesieniu do czasu.

Rudraiah i Chiu (2007) badali dyspersję w nasyconych cieczami deformujących się lub niedeformowalnych mediach porowatych z lub bez reakcji chemicznej analitycznie, biorąc pod uwagę szereg konkretnych przypadków wybranych na podstawie różnych problemów praktycznych przy użyciu różnych modeli dyspersji. Wymagane podstawowe równania o stałym współczynniku dyspersji uzyskano za pomocą teorii mieszanin i homogenizacji. Wyjaśniono różne modele analityczne i numeryczne obowiązujące w dużym czasie (asymptotyczne) i przez cały czas (transcientowe). Sformułowanie rozpatrywanego tu problemu było na tyle ogólne, że znalazło zastosowanie w przypadku cząstek odkształcalnych i niedeformowalnych, które można poddać zarówno procedurze analitycznej, jak i numerycznej. Zaobserwowano, że na współczynniki dyspersji wpływa jedynie odwracalny proces wymiany fazowej, a nie nieodwracalny proces rozpadu. Późniejszy z nich rzeczywiście wpłynie na dyspersję, gdy rozważany jest transport następnego wyższego rzędu. Odwracalna reakcja wpływa na dyspersję poprzez podział fazowy, a wymiana fazowa jest wystarczająco kinetyczna (tzn. równowaga fazowa małych kowów nie jest łatwo osiągalna), współczynniki dyspersji w obecności nawet niewielkiego stopnia sorpcji mogą się znacznie różnić ilościowo, lub jakościowo od przypadku obojętnego. Silna kinetyczna wymiana fazowa może zwiększyć współczynnik dyspersji o jeden rząd wielkości. Odwrotnie jest, gdy kinetyka wymiany fazowej jest słaba, a sorpcja jest dużym rozproszeniem, dla którego współczynnik dyspersji będzie ważony.

Sergio i Serrano (2003) rozważali wpływ nieliniowej reakcji na przestrzenny i czasowy rozkład smug zanieczyszczeń regulowany przez adwekcyjne równanie dyspersyjne w mediach porowatych. Rozważono kilka modeli reakcji nieliniowej. Nieodwracalny nieliniowy model sorpcji kinetycznej pierwszego rzędu, nieliniowy model izotermy Freundlicha, nieliniową metodę sorpcji Langmuira oraz nieliniowy model izotermy kinetycznej. Każdy z tych modeli sprzężono z adwekcyjnym równaniem dyspersji adwekcyjnej o stałej dyspersji hydrodynamicznej i uzyskano przybliżony roztwór analityczny.

Okedoye *i in.*, (2006) przedstawili Unsteady Magneto-Hydrodynamic (MHD) Flow of a Stretched Vertical Permeable Surface in the presence of Heat Generation/Absorption and a First Order Chemical Reaction. Przedstawiono wyniki numeryczne dla prędkości przepływu ciepła, temperatury i pól koncentracji. Zaobserwowano, że stężenie jest odwrotnie proporcjonalne do szybkości reakcji chemicznej, a współczynnik dyspersji pozostaje stały.

Peter i Kitanidis (1994) wyprowadzili równania cząstki dla metody losowego spaceru (lub dyskretnego śledzenia cząsteczek działki) stosowane do rozwiązania adwekcyjnej dyspersji o współczynniku zmienności przestrzennej. Wyprowadzenie opierało się na całce przez część równania adwekcyjnego dyspersji. W analizie zwrócono uwagę na fundamentalny charakter terminu dryf, który należało dodać do średniej prędkości w celu uwzględnienia zmienności współczynnika dyspersji.

Seetha *i in.*, (2014) przedstawili badania nad transportem koloidów o rozmiarach wirusa w pojedynczych porach. Uwzględnili oni gardziel porów o cylindrycznym kształcie o promieniu R i długości L, przez którą przepływała rozcieńczona zawiesina kulistych cząstek koloidalnych o promieniu A. Zakładano, że przepływ ten jest w pełni rozwinięty laminarnie i w stanie ustalonym. Równania dyspersji adwekcyjnej o stałej dyspersji hydrodynamicznej przekształcono za pomocą współrzędnych cylindrycznych. Analiza wrażliwości wskazuje, że na transport i osadzanie się koloidu wielkości wirusa w gardle porów istotny wpływ mają różne parametry skali porów, takie jak potencjały powierzchniowe na koloidzie i kolektorze, siła jonowa roztworu, prędkość przepływu, promień porów oraz promień koloidu.

Martinus *i in.*, (2013) przedstawili dokładny roztwór analityczny do transportu zanieczyszczeń w rzekach. Sformułowali oni równanie adwekcyjno-dyspersyjne dla tego problemu za pomocą izotermy Freundlicha, stałą równowagi przyjęto jako stosunek osadów do ich stężenia. Równanie adwekcyjno-dyspersyjne przekształcono w problem przenoszenia ciepła (dyfuzji solutu) o stałym współczynniku dyspersji. Chociaż rozwiązanie analityczne jest z natury mniej elastyczne niż bardziej wszechstronne modele numeryczne do transportu zanieczyszczeń w strumieniach i rzekach, może być bardzo przydatne do uproszczonej analizy alternatywnych scenariuszy transportu zanieczyszczeń, jak również do testowania modeli numerycznych.

Patel *i in.*, (2016) wdrożyli metodę Hear Wavelength na równaniu dyspersji adwekcyjnej reprezentującym jednowymiarowy transport zanieczyszczeń przez porowate medium. Niejednorodny przepływ rozważano przyjmując jako funkcję wykładniczo rosnącą prędkość i dyspersję zmieniającą się w czasie. Wyrażenie fal dźwiękowych w równaniach dyspersji adwekcyjnej w szeregach Heara stanowi główną zaletę w istniejącej metodzie, w której zachowano prostotę fal dźwiękowych. Uzyskane wyniki liczbowe porównano z dokładnym rozwiązaniem analitycznym równania dyspersji adwekcyjnej o stałych współczynnikach, ponieważ rozwiązań analitycznych o zmiennych współczynnikach było bardzo mało. Obliczenia wykonano za pomocą programu Matlab. Stwierdza się, że metoda Hear Wavelet jest łatwa, skuteczna i wygodna.

Atui *et al.*, (2009) Uzyskano analityczne rozwiązanie jednowymiarowego równania dyfuzji adwekcyjnej z zastosowaniem zmiennych współczynników w domenie skończonej. Bear and Bachman (1964) Derived General Equations of Hydrodynamic Dispersion. Linstrum and Boersma (1980) Uzyskane rozwiązania analityczne dla transportu konwekcyjno-dyspersyjnego w zamkniętych wodonośnych warstwach wodonośnych o różnych warunkach wiązania. Logam (1996) analizował transport solutu w ośrodkach porowatych z zależną od skali dyspersją i okresowymi warunkami brzegowymi. Yates (1990) opracował analityczny roztwór do jednowymiarowego transportu w niejednorodnym podłożu porowatym. Yates (1992) przedstawił analityczny roztwór dla jednowymiarowego transportu w ośrodkach porowatych z wykładniczą funkcją dyspersji.

Ramonu i Alagbe (2018) badali transport zanieczyszczeń poprzez modelowanie przepływu w matrycy glebowej. W wielofizyce ComSOL opracowano numeryczny model transportu rozcieńczonych gatunków w warunkach stanu ustalonego i przejściowego z zastosowaniem Advective Dispersion Equation, tworząc profil osnowy glebowej. Ustalono, że opracowany profil stanowi dobrą podstawę do przewidywania wpływu zanieczyszczenia na profil macierzy glebowej.

Roberto Cianci *i wsp.* oraz Ombretta Paladino (2018) badali roztwór analityczny w zamkniętej formie równania dyspersji adwekcyjnej w jednowymiarowej zanieczyszczonej glebie. Dotyczy to nie-konserwatywnych roztworów z reakcją pierwszego rzędu, sorpcją równowagi liniowej i zależnym od czasu stanem granicznym Robina. Stan graniczny Robina jest wyrażony jako połączona funkcja produkcji - rozpadu reprezentująca realistyczny opis zjawisk uwalniania źródła w czasie. Zaproponowany model jest szczególnie przydatny do opisu źródła, ponieważ zanieczyszczenie uwalniane jest w wyniku awarii podziemnych zbiorników lub rurociągów, zbiorników z nie-wodną fazą ciekłą lub serii rozpadów radioaktywnych. Opracowany model analityczny skłania się ku znanym rozwiązaniom analitycznym dla poszczególnych wartości stałych szybkości. Model jednowymiarowy i jego rozwiązanie analityczne mogą być odpowiednie do określenia awarii zbiornika lub rurociągów albo zanieczyszczenia DNAPL (gęste ciecze nie będące wodnymi fazami ciekłymi) lub zanieczyszczeniami radioaktywnymi, ponieważ substancja rozpuszczona jest opisana jako funkcja zależna od czasu z połączeniem produkcji - zużycia zanieczyszczeń, a ponadto jest podana jako warunek brzegowy Robina przydatny do badania schematu numerycznego.

Fox *et al.* , (2011) przedstawili eksperymentalne i numeryczne badania konsolidacji sprzężonej i transportu zanieczyszczeń w ośrodkach porowatych. Badania dyfuzyjne i transportu wywołanego konsolidacją dużego odkształcenia przeprowadzono na próbkach kompozytowych zawiesiny kaolinitowej składającej się z górnej warstwy niezanieczyszczonej i dolnej warstwy zanieczyszczonej bromkiem potasu. Stężenia ścieków i odpływy masy były wyższe dla granicy najbliższej zanieczyszczonej warstwy w przypadku podwójnie drenowanym. Symulacje wykazały również, że dla warunków tego badania zmniejszenie wysokości próbki skutkowało wcześniejszym przebiciem i wyższym poziomem odpływu masy zanieczyszczeń.

Ballarini *i wsp.* , (2012) opisali szczegółową symulację numeryczną wysoce kontrolowanych eksperymentów laboratoryjnych z wykorzystaniem uranu, bromku i wody zubożonej tlenem jako konserwatywne znaczniki do ilościowego oznaczania mieszania poprzecznego w ośrodkach porowatych. Syntetyczne eksperymenty numeryczne odtwarzające istniejący laboratoryjny układ doświadczalny quasi dwuwymiarowego przepływu przez zbiornik przeprowadzono w celu oceny możliwości zastosowania roztworu analitycznego równania adwekcyjnego dyspersji 2D do oceny dyspersji poprzecznej jako parametru dopasowania.

Na podstawie wyników, ulepszonej konfiguracji eksperymentalnej, jak również procedury oceny numerycznej

które pozwalają na precyzyjne i wiarygodne określenie dyspersyjności.

Massimo *i in.*, (2012) przeprowadzili wieloetapowe eksperymenty laboratoryjne w skali laboratoryjnej oraz symulacje w skali porów na różnych homogenicznych, nasyconych, porowatych mediach. Wyniki pokazują, że nieliniowa, zależna od związków parametryzacja poprzecznej dyspersji hydrodynamicznej jest konieczna do uchwycenia obserwowanych przemieszczeń poprzecznych w szerokim zakresie prędkości przesączania.

Ostatnio Sharma *i in.*, (2013) poinformowała o eksperymentalnym badaniu transportu zanieczyszczeń.

przez nasyconą glebę warstwową za pomocą eksperymentu z kolumną glebową. Przepływ transportu solutu

poprzez taki system był również symulowany numerycznie. Zastosowano warunek brzegowy typu impulsu

podczas eksperymentu. Przeprowadzono również analizę numeryczną różnic skończonych, aby uzyskać numeryczny roztwór adwekcyjnego transportu dyspersyjnego z uwzględnieniem sorpcji równowagowej i stałej degradacji pierwszego rzędu dla gleby wielowarstwowej.

Metoda bezsiatkowa, która jest rozszerzeniem konwencjonalnej metody elementów skończonych, jest bardzo nowym obszarem badań w dziedzinie mechaniki obliczeniowej ciał stałych i płynów. Metody bezsiatkowe znajdują się w fazie szybkiego rozwoju i wzrostu. Metody bezsiatkowe są obecnie stosowane w rozwiązywaniu większości problemów w obliczeniowej mechanice ciała stałego. Obecnie metody te znajdują coraz szersze zastosowanie w dziedzinie geotechniki i inżynierii geośrodowiskowej.

Metoda elementów rozproszonych (DEM), metoda bezoczkowa, została opracowana przez Nayroles *et al.* , (1992). Do opracowania funkcji kształtu wykorzystano aproksymację ruchomych najmniejszych kwadratów (MLS), zaproponowaną przez Lancaster i Salkauskas (1981) dla dopasowania powierzchni. Co więcej, DEM

został rozszerzony do bardziej solidnego fundamentu i zaproponowano metodę bezelementową Galerkina (EFGM) (Belytschko *i in.* , 1994b, 1996), w której przybliżenie MLS zostało wykorzystane w formie słabej Galerkina do ustalenia zbioru równań algebraicznych. Stwierdzono, że EFGM jest bardzo dokładny, a stopień zbieżności EFGM uzyskany w testach numerycznych jest następujący

wyższy niż FEM. Ponadto nieprawidłowość węzłów nie miała wpływu na działanie EFGM. EFGM był z powodzeniem stosowany w odniesieniu do wielu różnych problemów, w tym dwu- i trójwymiarowych problemów dotyczących liniowej i nieliniowej sprężystości.

Vrankar *i in.* , (2004, 2005) przedstawili podejście do modelowania migracji radionuklidów przez geosferę przy użyciu metody Kansa z geostatystyką. Hardy multiquadrics (MQ)

Do rozwiązania równania dyspersji adwekcyjnej wykorzystano podstawowe funkcje radialne. Uzyskane wyniki

z promieniowych schematów bazowych dla mediów porowatych były podobne do wyników uzyskiwanych różnymi metodami skończonymi. Można zauważyć, że dla rozwiązania równania dyspersji adwekcyjnej, metoda funkcji podstawy radialnej jest odpowiednią alternatywą dla metody tradycyjnej, jak różnica skończona.

Metoda.

Coetzee *et al.* , (2005) przeanalizowali nośność końcową kotwy obciążonej pionowo i jednej obciążonej

pod kątem 45° przy użyciu metody bezoczkowej zwanej metodą punktu materiałowego. Metoda punktu materiałowego może z powodzeniem modelować wyciąganie kotwicy i nie są potrzebne żadne specjalne elementy interfejsu do modelowania interfejsu kotwa - ziemia. Chinchapatnam *i in.* , (2006) zbadali zastosowanie metody niesymetrycznej.

oraz symetryczne techniki kolokacji bez siatki z funkcjami podstawy radialnej do rozwiązywania nieciągłych równań konwekcyjno-dyfuzyjnych. Metoda podejścia liniowego została zastosowana w celu dyskretyzacji rządzącego równania operatora i porównania wydajności różnych globalnie obsługiwanych funkcji podstawy radialnej. Techniki kolokacyjne wymagały bardzo gęstego zbioru punktów kolokacyjnych w celu uzyskania dokładnych wyników dla wysokich liczb Pecleta.

Kumar i Dodagoudar (2008) zaproponowali metodologię modelowania jednowymiarowego równania dyspersji adwekcyjnej obejmującego degradację pierwszego rzędu przez nasycony ośrodek porowaty za pomocą EFGM. Jako funkcję wagową w analizie bezsiatkowej wykorzystano funkcję *t-dystrybucji* studenta. Stwierdzono, że wyniki EFGM dobrze się zgadzają z wynikami uzyskanymi w badaniach, co zapewnia dokładne sformułowanie EFGM.

Xiaoxi *i in.*, (2017) rozważali równanie adwekcyjno-dyfuzyjne w jednym wymiarze. Równanie to rozwiązuje się za pomocą metody wyraźnych różnic skończonych. Ponieważ metoda ta jest jednoznaczna, jest ona prosta do wdrożenia. Zbadali oni wydajność metody. Uzyskali, że metoda jest rzeczywiście dokładna.

Guerrero i Skaggs opracowali ogólny roztwór analityczny do transportu solutu w nieskończonych, niejednorodnych mediach porowatych. Równanie adwekcyjnej dyspersji liniowej ze współczynnikami zależnymi od odległości zostało rozwiązane przy użyciu współczynnika całkowania w połączeniu z Ogólną Techniką Przekształceń Integralnych (GITT) dla szeregu parametrów mających praktyczne znaczenie dla transportu zanieczyszczeń wód podziemnych. Wykazano, że istnieje wyrażenie analityczne dla czynnika całkującego. Dla konkretnego przypadku dyspersyjności rosnącej liniowo opracowano szczegółowo roztwór, który porównano z roztworem uzyskanym z literatury analitycznej dla jednowymiarowego równania dyspersji adwekcyjnej transportu zanieczyszczeń o współczynnikach zależnych od odległości. Dla mediów półskończonych, zgodnie z oczekiwaniami, wyniki różniły się tylko w pobliżu granicy wyjścia. Wśród innych zastosowań, nowe rozwiązanie będzie praktycznie przydatne do analizowania problemów w miejscach, gdzie istniejąca granica jest znacząca, takich jak transportowanie kolumn glebowych lub lizinetrów czy testowanie i walidacja numerycznych kodów transportowych.

Celem badań jest rozważenie modelu zanieczyszczenia środowiska o zmiennej przestrzennie dyspersji hydrodynamicznej. Uzyskane zostanie analityczne rozwiązanie jednowymiarowego równania dyspersji adwekcyjnej ze zmienną dyspersją hydrodynamiczną w dziedzinie wzdłużnej. Rozważone zostaną dwa przypadki uogólnionego nieliniowego równania na zanieczyszczenia. W pierwszym przypadku dyspersja solutu zwiększa się jako wielomianowa funkcja z odległością, a w drugim przypadku dyspersja jest wykładniczą funkcją stężenia.

ROZDZIAŁ III
METODYKA BADAWCZA

3.0 Procedury badawcze

(I) Istnienie i wyjątkowość

Przed przystąpieniem do uzyskiwania roztworów dla różnych przypadków uogólnionego nieliniowego równania zanieczyszczeń należy ustalić warunek istnienia roztworu.

Istnienie i niepowtarzalność twierdzenia o roztworze zostanie sformułowane i udowodnione, że istnieje więcej niż jeden roztwór dla równania zanieczyszczenia w przypadkach, gdy dyspersja hydrodynamiczna jest zmienną.

(II) Rozwiązanie analityczne

Równanie rządzące jest rozwiązane dla dwóch przypadków. W pierwszym przypadku dyspersja hydrodynamiczna jest zależna od przestrzeni, podczas gdy w drugim przypadku współczynnik dyspersji jest wykładniczą funkcją stężenia. Ponieważ uogólnione równanie rządzące jest nieliniowe i nie posiada dokładnego rozwiązania, w obu przypadkach uzyskuje się przybliżone rozwiązanie analityczne oparte na regularnych perturbacjach.

(III) Rozwiązanie numeryczne

W celu uzyskania numerycznego rozwiązania problemu w przypadku 1 przyjęto metodę domyślną Crank-Nicolsona. Analityczne i numeryczne rozwiązanie porównuje się za pomocą wykresów.

(IV) Wykres

Wykresy zostały wykreślone w celu zbadania wpływu parametrów kontrolnych na profile stężeń oraz omówienia wyników.

3.1 RÓWNANIA RZĄDZĄCE

Fick's Laws of Diffusion

Pierwsze prawo w nowoczesnej formie matematycznej

$$N_i = -D_i \nabla C_i$$

N_i = strumień molowy (moLm2S-1)

D_i = współczynnik dyfuzji ($^{m2S-1}$)

C_i = Stężenie (molm-3)

Z równania ciągłości dla masy, $\frac{\partial C_i}{\partial t} + \nabla . N_i = 0$ możemy wyprowadzić drugie prawo bezpośrednio

$$\frac{\partial C_i}{\partial t} + D_i \nabla^2 C_i$$

Zakładamy, że jest to D_i stała, która odnosi się tylko do rozcieńczonych roztworów

Równanie transportowe

Waga masowa dla objętości kontrolnej, gdy transport odbywa się tylko w jednym kierunku (np. w kierunku x)

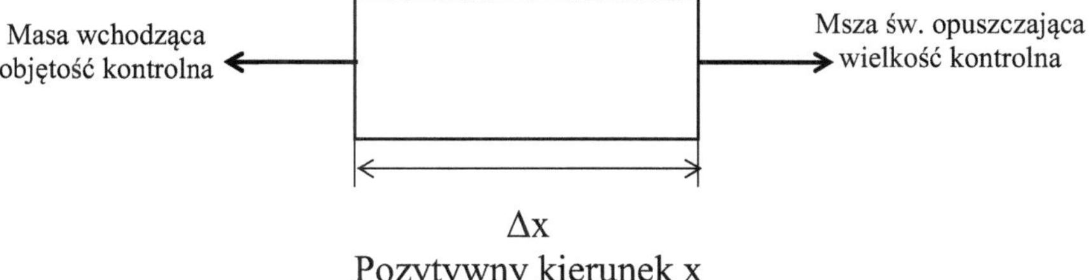

Bilans masowy dla tego przypadku można zapisać w następującej formie

{Change of mass in the control volume in a time interval Δt} = {Mass entering the control volume in Δt} - {Mass leaving the control volume in Δt}

$$V \frac{\partial C}{\partial t} \quad = \quad A.J_1 \quad - \quad A.J_2 \qquad (3.1)$$

Bliższe spojrzenie na równanie 1

$$V\frac{\partial C}{\partial t} \quad = \quad A.J_1 \quad - \quad A.J_2$$

↓ ↓

Msza w czasie Msza w czasie

V to objętość, C to stężenie, A to powierzchnia, J1 i J2 to strumień.

Zmiana masy w jednostce objętości (podzielić wszystkie strony równania (3.1) przez objętość)

$$\frac{\partial C}{\partial t}=\frac{A}{V}.J_1-\frac{A}{V}.J_2$$

(3.2)

Przeróbki

$$\frac{\partial C}{\partial t}=\frac{A}{V}.(J_1-J_2)$$

(3.3)

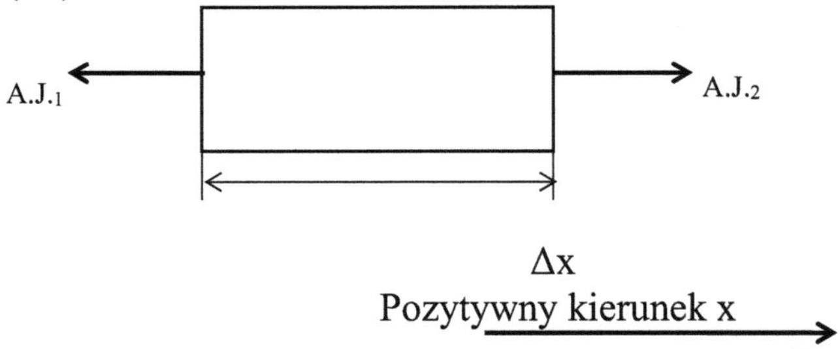

A.J.1 A.J.2

Δx

Pozytywny kierunek x

Strumień zmienia się w kierunku x z gradientem wynoszącym $\frac{\partial J}{\partial x}$

Dlatego,

$$J_2=J_1+\frac{\partial J}{\partial x}.\Delta x$$

(3.4)

Zastępca (3.4) w (3.3), mamy:

$$\frac{\partial C}{\partial t}=\frac{A}{V}\left(J_1-\left(J_1+\frac{\partial J}{\partial x}.\Delta x\right)\right)$$

(3.5)

$$\frac{V}{A} = \Delta x \Rightarrow \frac{A}{V} = \frac{1}{\Delta x}$$

(3.6)

$$\frac{\partial C}{\partial t} = \frac{1}{\Delta x}.\left(J_1 - J_1 - \frac{\partial J}{\partial x}.\Delta x\right)$$

(3.7)

Wreszcie, najbardziej ogólnym równaniem transportowym w kierunku x jest:

$$\frac{\partial C}{\partial t} = -\frac{\partial J}{\partial x}$$

(3.8)

Żyjemy w przestrzeni trójwymiarowej, w której obowiązują te same zasady dotyczące ogólnego bilansu masy i transportu we wszystkich wymiarach. Dlatego też

$$\frac{\partial C}{\partial t} = -\sum_{i=1}^{3} \frac{\partial}{\partial xi} J_i \qquad x_1 = x \; x_2 = y \quad (x_3 = z \qquad 3.9)$$

$$\frac{\partial C}{\partial t} = -\left(\frac{\partial}{\partial x} J_x + \frac{\partial}{\partial y} J_y + \frac{\partial}{\partial z} J_z\right)$$

(3.10)

Równanie transportowe jest wyprowadzone dla konserwatywnego znacznika (materiału). Objętość kontrolna jest stała w miarę upływu czasu. Strumień (J) może być dowolny (przepływy, dyspersja, itp.).

Strumień addytywny

Strumień addytywny może być analizowany za pomocą prostego modelu koncepcyjnego, który zawiera dwie objętości kontrolne. Adwekcja występuje tylko w jednym kierunku w danym przedziale czasu.

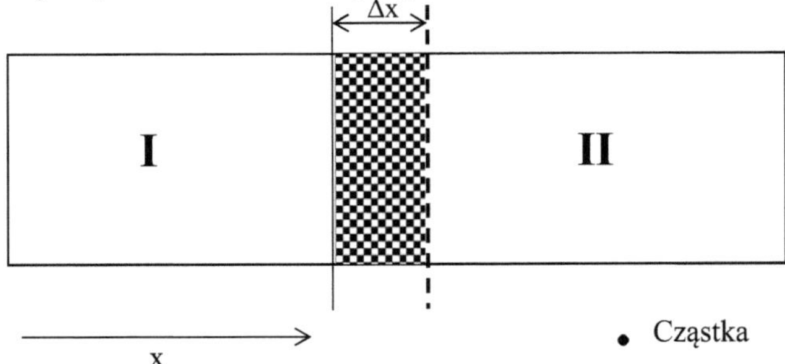

Δx definiuje się jako odległość, jaką cząstka może pokonać w przedziale czasu równym Δt. Założenie jest takie, że cząstki poruszają się tylko w kierunku dodatnim x.

Liczbę cząstek stałych (analogicznie do masy) przemieszczających się z objętości kontrolnej I do objętości kontrolnej II w przedziale czasu Δt można obliczyć za pomocą poniższego równania, gdzie

$$Q = C \,.\, \Delta x \,.\, A \qquad (3.11)$$

gdzie Q jest liczbą cząstek stałych (analogicznie do masy) przechodzących z objętości I do objętości kontrolnej II w przedziale czasowym Δt, C jest stężeniem dowolnego materiału rozpuszczonego w wodzie w objętości kontrolnej I , Δx jest odległością, a A jest polem przekroju poprzecznego między objętościami kontrolnymi.

$Q = C \,.\, \Delta x \,.\, A$ Liczba cząstek stałych przechodzących z I do II w Δt

$\frac{Q}{\Delta t} = \frac{C.\Delta x.A}{\Delta t}$ Liczba cząstek stałych przechodzących z I do II w czasie jednostkowym

Podział według powierzchni przekroju poprzecznego:

$\frac{Q}{A.\Delta t} = J_{ADV} = \frac{\Delta x}{\Delta t}.C$ Liczba cząstek stałych przechodzących z I do II w czasie jednostkowym na jednostkę powierzchni = FLUX

$$J_{ADV} = \lim_{\Delta t \to 0}\left(\frac{\Delta x}{\Delta t}.C\right) = \frac{\partial x}{\partial t}.C \quad \text{Strumień addytywny}$$

(3.12)

Strumień addytywny $J_{ADV} = \frac{\partial x}{\partial t}.C$

Strumień dyspersyjny

Strumień dyspersyjny może być analizowany również za pomocą prostego modelu koncepcyjnego. Ten model koncepcyjny obejmuje również dwie objętości kontrolne. Strumień dyspersyjny występuje w obu kierunkach w przedziale czasu.

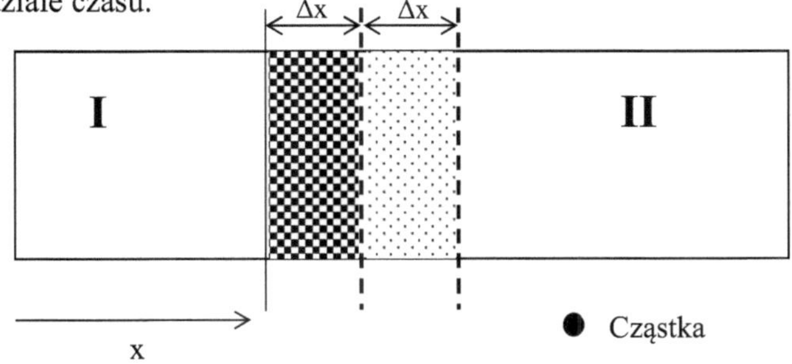

Δx definiuje się jako odległość, jaką cząstka może pokonać w przedziale czasu Δt . zakłada się, że cząstka porusza się w dodatnim i ujemnym kierunku x. W tym przypadku istnieją dwa kierunki, w których cząstka może poruszać się w przedziale czasu Δt.

Innym założeniem jest to, że cząstka nie zmienia swoich kierunków w przedziale czasu Δt i że prawdopodobieństwo przejścia na dodatni i ujemny kierunek x jest równe (50%) dla wszystkich cząstek. Dlatego, istnieją dwa składniki przeniesienia masy dyspersyjnej, jeden z objętości kontrolnej I do objętości kontrolnej II i drugi z objętości kontrolnej II do objętości kontrolnej I.

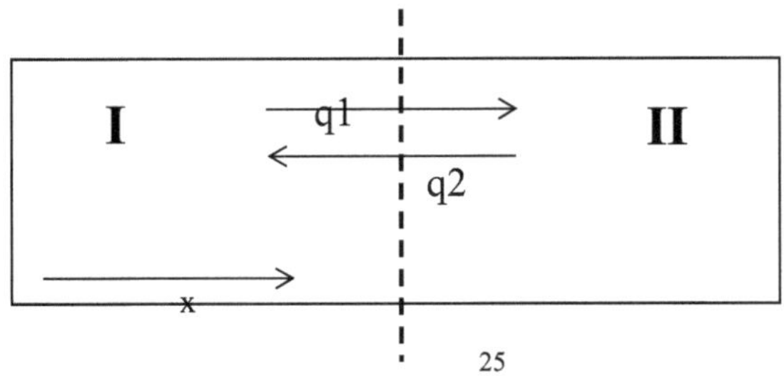

$$q_1 = 0.5 \,.\, C_1 \,.\, \Delta x \,.\, A$$

(3.13)

$$q_1 = 0.5 \,.\, C_2 \,.\, \Delta x \,.\, A$$

(3.14)

$$Q = q_1 - q_2$$

(3.15)

$$q_1 = 0.5 \,.\, \Delta x \,.\, A(C_1 - C_2)$$

(3.16)

$$\frac{Q}{\Delta t} = \frac{0.5 \,.\, \Delta x \,.\, A \,.(C_1 - C_2)}{\Delta t}$$

(3.17)

$$C_2 = C_1 + \frac{\partial C}{\partial x} \,.\, \Delta x$$

(3.18)

Liczba cząstek stałych przechodzących z I do II w czasie jednostkowym

$$\frac{Q}{\Delta t} = \frac{0.5 \,.\, \Delta x \,.\, A \,.\left(C_1 - \left(C_1 + \frac{\partial C}{\partial x} \,.\, \Delta x \right)\right)}{\Delta t}$$

(3.19)

$$\frac{Q}{\Delta t} = \frac{-0.5 \,.\, \Delta x \,.\, A \frac{\partial C}{\partial x} \,.\, \Delta x}{\Delta t}$$

(3.20)

$$\frac{Q}{A \,.\, \Delta t} = J_{DISP} = \frac{-0.5 \,.\, \Delta x \,.\, \frac{\partial C}{\partial x} \,.\, \Delta x}{\Delta t}$$ liczba cząstek stałych przechodzących z I do II

czas jednostkowy na jednostkę powierzchni = FLUX

(3.21)

$$J_{DISP} = -\frac{0.5 \,.(\Delta x)^2}{\Delta t} \,.\, \frac{\partial C}{\partial x}$$

(3.22)

$$D = \frac{0.5.(\Delta x)^2}{\Delta t}$$
(3.23)

Strumień dyspersyjny

$$J_{DISP} = -D.\frac{\partial C}{\partial x}$$
(3.24)

Równanie adwekcyjno-dyspersyjne dla materiału zachowawczego

Przypomnij sobie:

$$\frac{\partial C}{\partial t} = -\frac{\partial J}{\partial x}$$ Ogólne równanie transportowe

$$J_{advection} = \lim_{\Delta t \to 0}\left(\frac{\Delta x}{\Delta t}.C\right) = \frac{\partial x}{\partial t}.C$$ Strumień addytywny

$$J_{dispersion} = -D.\frac{\partial C}{\partial x}$$ Strumień dyspersyjny

(3.25)

$$J = J_{advection} + J_{dispersion}$$
(3.26)

$$\frac{\partial C}{\partial t} = -\frac{\partial}{\partial x}\left(J_{advection} + J_{dispersion}\right)$$
(3.27)

$$\frac{\partial C}{\partial t} = -\frac{\partial}{\partial x}\left(\frac{\partial x}{\partial t}.C\right) - \frac{\partial}{\partial x}\left(-D.\frac{\partial C}{\partial x}\right)$$
(3.28)

$$\frac{\partial C}{\partial t} = -u.\frac{\partial C}{\partial x} + D.\frac{\partial^2 C}{\partial x^2}$$
(3.29)

Żyjemy w przestrzeni trójwymiarowej, w której obowiązują te same zasady dotyczące ogólnego bilansu masy i transportu we wszystkich wymiarach. Dlatego też

$$\frac{\partial C}{\partial t}=\sum_{i-1}^{3}\left(-u_i.\frac{\partial C}{\partial x_i}+D_i.\frac{\partial^2 C}{\partial x_i^2}\right)$$

$$x_1=x,\ u_1=u,\ D_1=D_x,$$
$$x_2=y,\ u_2=v,\ D_2=D_y,$$
$$x_3=z,\ u_3=w,\ D_3=D_z,$$

(3.30)

$$\frac{\partial C}{\partial t}=-u.\frac{\partial C}{\partial x}+D_x.\frac{\partial^2 C}{\partial x^2}-v.\frac{\partial C}{\partial y}+D_y.\frac{\partial^2 C}{\partial y^2}-w.\frac{\partial C}{\partial z}+D_z.\frac{\partial^2 C}{\partial z^2}$$

(3.31)

Równanie adwekcyjno-rozpraszające dla materiałów niechroniących środowiska

$$\frac{\partial C}{\partial t}=-u.\frac{\partial C}{\partial x}+D_x.\frac{\partial^2 C}{\partial x^2}-v.\frac{\partial C}{\partial y}+D_y.\frac{\partial^2 C}{\partial y^2}-w.\frac{\partial C}{\partial z}+D_z.\frac{\partial^2 C}{\partial z^2}+\sum k.C$$

(3.32)

Równanie rządzące bez sorpcji i reakcji chemicznej

Uzyskanie równania dyfuzji adwekcyjnej opiera się na zasadzie superpozycji: adwekcja i dyfuzja mogą być dodane razem, jeśli są liniowo niezależne. Skąd mamy wiedzieć, czy adwekcja i dyfuzja są procesami niezależnymi? Jedynym sposobem, w jaki mogą być one zależne jest to, czy jeden proces zasila drugi. dyfuzja została pokazana jako proces losowy z powodu ruchu molekularnego. Ze względu na dyfuzję, każda molekuła w czasie przesunie δt się albo o jeden krok w lewo, albo o jeden krok w prawo (tj. $\pm\delta x$). Ze względu na adwekcję, każda molekuła będzie poruszać się również w $u\delta t$ kierunku przepływu krzyżowego. Procesy te są wyraźnie addytywne i niezależne; obecność przepływu krzyżowego nie ma wpływu na prawdopodobieństwo, że cząsteczka podejmie dyfuzyjny krok w prawo lub w lewo, tylko dodaje coś do tego kroku.

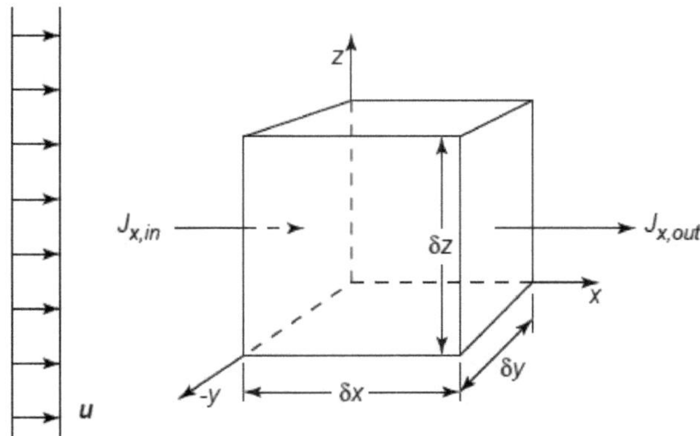

Schemat objętości regulacyjnej z przepływem krzyżowym

Ruch netto cząsteczki jest, $u\delta t \pm \delta x$ a zatem całkowity strumień w kierunku x, J_x łącznie z transportem adwekcyjnym i terminem dyfuzji Fickiana, musi wynosić

$$J_x = uC + q_x$$

$$= uC - D\frac{\partial C}{\partial x} \qquad (3.33)$$

uC jest właściwą formą terminu adwentatywnego (biorąc pod uwagę wymiar i q_x uC). używamy teraz prawa strumienia i zachowania masy do wyprowadzenia równania dyfuzji adwentatywnej. Rozważmy naszą objętość regulacyjną z góry, ale teraz włączając prędkość przepływu krzyżowego, **u** = (u, v, w), jak pokazano na rysunku powyżej. Tutaj podążamy za derywacją w Fischer et al. (1979). Z zachowania masy, strumień netto przez objętość kontrolną wynosi

$$\frac{\partial M}{\partial t} = \sum m_{in} - \sum m_{out}$$

(3.34)

a dla kierunku x, mamy

$$\delta m|_x = \left(uC - D\frac{\partial C}{\partial x}\right)\bigg|_1 \delta y \delta z - \left(uC - D\frac{\partial C}{\partial x}\right)\bigg|_2 \delta y \delta z$$

(3.35)

używamy liniowej ekspansji serii Taylor do połączenia dwóch terminów strumienia, co daje

$$uC|_1 - uC|_2 = uC|_1 - \left(uC|_1 + \frac{\partial(uC)}{\partial x}\bigg|_1 \delta x \right) = -\frac{\partial(uC)}{\partial x}\delta x$$

(3.36)

oraz

Tak więc, dla kierunku x

$$\delta m|_x = -\frac{\partial(uC)}{\partial x}\delta x \delta y \delta z + D\frac{\partial^2 C}{\partial x^2}\delta x \delta y \delta z$$

(3.37)

Kierunki y i z są podobne, ale z v i w dla składników prędkości, dając:

$$\delta m|_y = -\frac{\partial(vC)}{\partial x}\delta x \delta y \delta z + D\frac{\partial^2 C}{\partial x^2}\delta x \delta y \delta z$$

(3.38)

$$\delta m|_z = -\frac{\partial(wC)}{\partial x}\delta x \delta y \delta z + D\frac{\partial^2 C}{\partial x^2}\delta x \delta y \delta z$$

(3.39)

Zamieniając te wyniki na powyższe równanie strumienia netto i przypominając, że $M = C\delta x \delta y \delta z$ otrzymujemy

$$\frac{\partial C}{\partial t} + \nabla \cdot (uC) = D\nabla^2 C \qquad (3.40)$$

lub w notacji einsteinowskiej

$$\frac{\partial C}{\partial t} + \frac{\partial u_i C}{\partial x_i} = D\frac{\partial^2 C}{\partial x_i^2}$$

(3.41)

które jest pożądanym równaniem dyfuzji adwekcyjnej (AD). Będziemy używać tego równania szeroko w przypomnieniu tego projektu.

Należy zauważyć, że równania te domyślnie zakładają, że D jest stałe. Przy rozpatrywaniu zmiennej D, prawa strona (3.41) ma postać

$$\frac{\partial}{\partial x_i}\left(D_{ij}\frac{\partial C}{\partial x_j}\right)$$

(3.42)

Równanie modelowe z sorpcją i reakcją chemiczną

Los kilku klas zanieczyszczeń w wodach podziemnych jest kontrolowany nie tylko przez procesy fizycznego transportu lub przez zjawiska fizjochemiczne zachodzące w fazie wodnej, ale także w większym stopniu przez reakcje zachodzące w fazie międzyfazowej pomiędzy wodami podziemnymi a innymi fazami. Fazy te mogą być minerałami lub materią organiczną składającą się ze stałej matrycy mediów porowatych lub z interakcji między wodami gruntowymi a innymi cieczami. Interakcja, która prowadzi do podziału międzyfazowego lub wiązania i uwalniania substancji rozpuszczonych do tych interfejsów, jest określana jako reakcja sorpcyjna. Izoterma opisuje równomierny rozkład mas substancji rozpuszczonych w fazie systemu środowiska poprzez odniesienie ilości substancji rozpuszczonej sorbowanej (s) na jednostkę masy faz sorbujących do stężenia roztworu (c) na jednostkę objętości roztworu.

$$S=\psi(C) \qquad (3.43)$$

Ogólne równanie transportowe dla smugi zanieczyszczeń zostało podane przez Grove'a (1976)

$$\frac{\partial C}{\partial t}=-\nabla(UC)+\nabla(D\nabla C)-\frac{P_d}{\eta}\frac{\partial S_a}{\partial t}-kC^n \qquad (3.44)$$

$$C(x,0)=f_1(x),\quad C(0,t)=g_1(t),\quad C(1,t)=g_2(t)$$

Gdzie, U to efektywna prędkość przepływu, P_d to gęstość nasypowa ośrodka porowatego, η to porowatość ośrodka, D to dyspersja hydrodynamiczna, n to rząd reakcji chemicznych, k to współczynnik szybkości reakcji chemicznej, S_a to absorban podzielony przez absorbent,

Po lewej stronie równania (3.44), pierwszy termin reprezentuje efekt przejściowy lub akumulacyjny. Pierwszy termin po prawej stronie równania (3.44) reprezentuje efekt adwekcyjny lub konwekcyjny, który jest zdefiniowany jako transport zanieczyszczeń przez średnią prędkość strumienia przepływu. Drugi termin po prawej stronie równania odpowiada efektowi dyspersji lub dyfuzji, który jest odpowiedzialny za rozprzestrzenianie się zanieczyszczeń w medium. Trzeci termin po lewej stronie odpowiada za reakcję sorpcyjną. Ostatni termin reprezentuje nieliniowy efekt reakcji, który może mieć miejsce (w zależności od rodzaju i właściwości zanieczyszczeń) pomiędzy zanieczyszczeniami a medium.

Równanie adwekcyjno-dyspersyjne podane za pomocą równania (3.44) zawiera dwa nieznane stężenia tych stężeń (dla fazy ciekłej i stałej). Aby móc rozwiązać to równanie, potrzebne są dodatkowe informacje, które w pewnym stopniu odnoszą te stężenia do siebie. Najpopularniejszym sposobem jest założenie sorpcji chwilowej i wykorzystanie izotermy adsorpcyjnej do powiązania ze sobą stężeń cieczy i adsorbowanych.

Eksperyment sorpcji gleby został szeroko modelowany za pomocą empirycznego nieliniowego Freundlicha (1909). Izoterma, dla której jest to równanie,

$$S_a = K_F C^{\frac{1}{n}} \tag{3.45}$$

Gdzie, S_a to absorban podzielony przez absorbent, K_F jest stałą Freundlicha i $\frac{1}{n}$ zależy od liniowości izotermy i waha się między 0 a 1. Tylko wtedy, gdy $n = 1$ izoterma jest liniowa, $K_F = K_d$C jest stężeniem zanieczyszczeń w stanie równowagi.

Najprostszą formą izotermy adsorpcyjnej jest izoterma liniowa podana przez

$$S = K_d C \qquad \text{dla}\, n = 1 \tag{3.46}$$

Z równania (3.43) i równania (3.44), mamy,

$$\frac{\partial S}{\partial t} = \frac{\partial \psi(C)}{\partial C} \cdot \frac{\partial C}{\partial t} \tag{3.47}$$

$$\frac{\partial S}{\partial C} = K_d = \frac{\partial \psi(C)}{\partial C}$$

Zastępcze równanie (3.47) w równaniu (3.44), mamy

$$\frac{\partial C}{\partial t} = -\nabla(UC) + \nabla(D\nabla C) - \frac{P_b}{\eta} \cdot \frac{\partial \psi(C)}{\partial C} \cdot \frac{\partial C}{\partial t} - KC^n \qquad (3.48)$$

$$\frac{\partial C}{\partial t} = -\nabla(UC) + \nabla(D\nabla C) - \frac{P_b}{\eta} K_d \cdot \frac{\partial C}{\partial t} - KC^n$$

$$\frac{\partial C}{\partial t} = -\nabla(UC) + \nabla(D\nabla C) - \varepsilon \frac{\partial C}{\partial t} - KC^n$$

Adsorpcja powoduje wolniejszy transport zanieczyszczeń, a gdy adsorpcja jest liniowa

(qe = KdC) współczynnik spowalniania gleby, R jest określony przez:

$$R = 1 + \frac{P_d}{\eta} K_d \qquad (3.49)$$

gdy R = 1 nie występuje opóźnienie, a gdy R > 1 prędkość zanieczyszczenia jest wolniejsza od prędkości przesączania. Przepisując to równanie w kategoriach R, otrzymujemy równanie transportowe jako

$$R \frac{\partial C}{\partial t} = -\nabla(UC) + \nabla(D\nabla C) - kC^n \qquad (3.50)$$

$$(1+\varepsilon) \frac{\partial C}{\partial t} = -\nabla(UC) + \nabla(D\nabla C) - kC^n$$

Gdzie, $\varepsilon = \dfrac{P_b K_d}{\eta}$

3.2 Sformułowanie równań matematycznych dla nowego problemu

W niniejszej pracy będziemy rozważać przejściowy jednowymiarowy adwekcyjno-dyspersyjny transport zanieczyszczeń w środowisku porowatym z ciągłego źródła o nieliniowej reakcji chemicznej. Przemieszczanie się zanieczyszczeń odbywa się w obszarze półokreślonym $0 \le x < \infty$, a współczynnik dyspersji zostanie przyjęty jako zmienny lub stały. Jest on albo przestrzennie, albo czasowo zależny. Zasadnicze równanie dla tej sytuacji może być zapisane jako

$$(1+\varepsilon)\frac{\partial C}{\partial t}=\frac{\partial}{\partial x}\left(\frac{D\partial C}{\partial x}-UC\right)-kC^n \tag{3.51}$$

$$C(x,0)=f_1(x),\quad C(0,t)=g_1(t),\quad C(1,t)=g_2(t)$$

n jest porządkiem jednorodnej, nieodwracalnej reakcji chemicznej i k jest współczynnikiem szybkości reakcji chemicznej.

3.3 Szczególne przypadki problemu

Uwzględnione zostaną następujące specjalne przypadki równań rządzących:

a) Sprawa I: Jeżeli D jest zmienne, U = stała i k = 0 (nie zachodzą żadne procesy reakcji), to

rządzące równanie (3.51) staje się:

$$(1+\varepsilon)\frac{\partial C}{\partial t}=\frac{\partial}{\partial x}\left(\frac{D\partial C}{\partial x}-UC\right) \tag{3.52}$$

z warunkami początkowymi i granicznymi

$$C(0,t)=1,\quad C(1,t)=0,\quad C(x,0)=1$$

b) Sprawa II: Gdy D jest zmienne, U jest stałe i **ε** = 0 (nie występuje opóźnienie).

odpowiadający wzór (3.51) jest podany przez:

$$\frac{\partial C}{\partial t}+\frac{U\partial C}{\partial x}=\frac{\partial}{\partial x}\left(D\frac{\partial C}{\partial x}\right)-kC^n \tag{3.53}$$

z warunkami początkowymi i granicznymi

$$C(0,t)=\alpha C_3\cos\omega_1 t,\quad C(1,t)=\alpha C_2\cos\omega_1 t,\quad C(x,0)=\alpha C_3 e^{ax}$$

Wymiar a to L-1

3.4 Istnienie i wyjątkowość rozwiązania

Sekcja ta ma na celu wykazanie, że istnieje unikalne rozwiązanie dla głównego równania w obecności zmiennej dyspersji hydrodynamicznej przed przejściem do różnych metod roztworu dla głównego równania zanieczyszczeń. Obecnie badamy istnienie i unikalność roztworu dla dwóch przypadków:

Sprawa I: D jest zmienne, a U jest stałe, k = 0

Teraz udowadniamy istnienie i unikalność rozwiązania dla poniższego równania rządzącego (3.52).

$$R\frac{\partial C}{\partial t}+\frac{U\partial C}{\partial x}-\frac{\partial}{\partial x}\left(D\frac{\partial C}{\partial x}\right)=0 \tag{3.54}$$

$$R\frac{\partial C}{\partial t}+\frac{U\partial C}{\partial x}-D(x)\frac{\partial^2 C}{\partial x^2}-\frac{\partial D(x)}{\partial x}\cdot\frac{\partial C}{\partial x}=0$$

$$C(0,t)=C(x,0)=1,\quad C(1,t)=0 \tag{3.55}$$

Gdzie R = (1 + ε)

Możemy wprowadzić nowe zmienne do przekształcenia równania (3,55) na zwykłe równanie różniczkowe. Wprowadzamy zmienną podobieństwa do wyrażenia $C(x,t)$ *as* $C(\gamma)$. Jest to transformacja z częściowego do zwykłego równania różniczkowego.

Niech $C=f(\gamma)$

$$\gamma=\frac{(a+bx)}{t}, \tag{3.56}$$

gdzie a jest stała, a wymiar B jest odwrotny do zmiennej kosmicznej

$$\frac{dC}{dt}=-\frac{(a+bx)}{t^2}\frac{df}{d\gamma}$$

$$\frac{dC}{dx}=\frac{b}{t}\frac{df}{d\gamma}$$

$$\frac{d^2C}{dx^2}=\frac{b^2}{t^2}\frac{d^2f}{d\gamma^2}$$

$$D(x)=D_0(a+bx)^n$$

$$\frac{dD(x)}{dx}=D_0bn(a+bx)^{n-1} \tag{3.57}$$

Zastępca (3.56) i (3.57) do (3.55); mamy:

$$-R(a+bx)t^{-2}\frac{df}{d\gamma}+ubt^{-1}\frac{df}{d\gamma}$$

$$-D_0(a+bx)^n b^2 t^{-2}\frac{df}{d\gamma}$$

$$-D_0 b^2 n(a+bx)^{n-1}t^{-1}\frac{d^2 f}{d\gamma^2}=0 \qquad (3.58)$$

$$-\frac{R(a+bx)t^{-2}}{D_0(a+bx)^n b^2 t^{-2}}\frac{df}{d\gamma}+\frac{ubt^{-1}}{D_0(a+bx)^n b^2 t^{-2}}\frac{df}{d\gamma}-\frac{D_0 bn(a+bx)^{n-1}t^{-1}}{D_0(a+bx)^n b^2 t^{-2}}\frac{df}{d\gamma}-\frac{d^2 f}{d\gamma^2}=0$$

$$-\frac{R(a+bx)^{1-n}}{D_0 b^2}\frac{df}{d\gamma}+\frac{ubt}{D_0 b^2(a+bx)^n}\frac{df}{d\gamma}-\frac{n}{(a+bx)t^{-1}}\frac{df}{d\gamma}-\frac{d^2 f}{d\gamma^2}=0$$

$$-\frac{R(a+bx)^{1-n}}{D_0 b^2}\frac{df}{d\gamma}+\frac{U}{D_0 b\gamma(a+bx)^{n-1}}\frac{df}{d\gamma}-\frac{n}{\gamma}\frac{df}{d\gamma}-\frac{d^2 f}{d\gamma^2}=0 \qquad (3.59)$$

$f(\gamma)=1 \quad at \quad x=0$

$f(\gamma)=0 \quad at \quad x=1$

$f(\gamma)=1 \quad at \quad t=0$

Zrównanie mocy $(a+bx)$ do zera w celu wyeliminowania x

$$1-n=0 \quad or \quad n-1=0 \qquad (3.60)$$

$n=1$

$$\frac{R}{D_0 b^2}\frac{df}{d\gamma}+\frac{U}{D_0 b\gamma}\frac{df}{d\gamma}-\frac{1}{\gamma}\frac{df}{d\gamma}-\frac{d^2 f}{d\gamma^2}=0$$

$$\left(\frac{-R}{D_0 b^2}+\frac{U}{D_0 b\gamma}-\frac{1}{\gamma}\right)\frac{df}{d\gamma}-\frac{d^2 f}{d\gamma^2}=0 \qquad (3.61)$$

Twierdzenie 1: Niech $R, U, D_0,\ b>0$, potem problem

$$\left(\frac{-R}{D_0 b^2}+\frac{U}{D_0 b\gamma}-\frac{1}{\gamma}\right)\frac{df}{d\gamma}-\frac{d^2 f}{d\gamma^2}=0$$

spełnienie warunku granicznego

$f(0)=1,\ f(1)=0$

ma unikalne rozwiązanie

Dowód:

Niech $X_1=\gamma,\ X_2=f(\gamma),\ X_3=f'(\gamma)$

$$\begin{pmatrix} X' \\ X' \\ X' \end{pmatrix}=\begin{pmatrix} 1 \\ f'(\gamma) \\ f''(\gamma) \end{pmatrix}=\begin{pmatrix} 1 \\ X_3 \\ \left[\frac{-R}{D_0 b^2}+\frac{U}{D_0 b X_1}-\frac{1}{X_1}\right]X_3 \end{pmatrix}$$

(3.62)

$$\begin{pmatrix} f_1(X_1,X_2,X_3) \\ f_2(X_1,X_2,X_3) \\ f_3(X_1,X_2,X_3) \end{pmatrix}=\begin{pmatrix} 1 \\ X_3 \\ \left[\frac{-R}{Db^2}+\frac{U}{D_0 b X_1}-\frac{1}{X_1}\right]X_3 \end{pmatrix}$$

wraz z warunkami początkowymi

$$\begin{pmatrix} X_1(0) \\ X_2(0) \\ X_3(0) \end{pmatrix}=\begin{pmatrix} 0 \\ 0 \\ \Gamma \end{pmatrix}$$

gdzie domniemywa się, że Γ jest takie, że warunki brzegowe są spełnione:

definiujemy

$$f_1(x_1,x_2,x_3)=1,\ f_2(x_1,X_2,X_3)=X_3,\ f_3(x_1,x_2,x_3)=\left[\frac{-R}{D_0 b^2}+\frac{U}{D_0 b X_1}-\frac{1}{X_1}\right]X_3$$

$$\left|\frac{\partial f_1}{\partial x_1}\right| = \left|\frac{\partial f_1}{\partial x_2}\right| = \left|\frac{\partial f_1}{\partial x_3}\right| = 0$$

$$\left|\frac{\partial f_2}{\partial x_1}\right| = \left|\frac{\partial f_2}{\partial x_2}\right| = 0, \left|\frac{\partial f_2}{\partial x_3}\right| = 1 \qquad (3.63)$$

$$\left|\frac{\partial f_3}{\partial x_1}\right| = \left|\left(1 - \frac{u}{D_0 b}\right)\frac{X_3}{X_1}\right| = P_1 \quad , \quad X_1, D_0, b > 0$$

$$\left|\frac{\partial f_3}{\partial x_2}\right| = 0$$

$$\left|\frac{\partial f_3}{\partial x_3}\right| = \left|\frac{u}{D_0 bX} - \frac{R}{D_0 b^2} - \frac{1}{X_1}\right| = P_2 \quad , \quad X_1, D_0, b > 0$$

Niech $k = \left|\frac{\partial f_i}{\partial x_J}\right|$, $i, j = 1, 2, 3,$ $\qquad$ $so\ k = \max(1, P_1, P_2)$

Wyraźnie k istnieje od $0 < k < \infty$. . . Dlatego $\left|\frac{\partial f_i}{\partial x_J}\right|$ jest ograniczony $i, j = 1, 2, 3$

np. do. $\left|\frac{\partial f_i}{\partial x_J}\right| \leq k$. . . Stąd też istnieje unikalne rozwiązanie. To dopełnia dowód.

CASE II: U jest stałe, D jest zmienne, n=1

Niech $C = f(\gamma)$

$\gamma = ax + bt$

Z równania (3.11), mamy

$$\frac{dC}{dt} = b\frac{df}{d\gamma}$$

(3.64)

$$\frac{dC}{dx} = a\frac{df}{d\gamma}$$

$$\frac{d^2C}{dx^2} = a^2 \frac{d^2 f}{d\gamma^2}$$

$$D = D_0(ax + bt)$$

$$\frac{dD}{dx} = D_0 a$$

Równanie zastępcze (3.64) do (3.53)

$$A \cdot b \frac{df}{d\gamma} + U \cdot a \frac{df}{d\gamma} - D_0(ax + bt) \cdot a^2 \frac{d^2 f}{d\gamma^2} - D_0 a \frac{df}{d\gamma} + kf = 0$$

(3.65)

$$A \cdot b \frac{df}{d\gamma} + U \cdot a \frac{df}{d\gamma} - D_0 \cdot a^2 \frac{d^2 f}{d\gamma^2} - D_0 a \frac{df}{d\gamma} + kf = 0$$

$$\frac{kf}{D_0 a^2} + \left(\frac{A \cdot b + U \cdot a - D_0 a}{D_0 a^2} \right) \frac{df}{d\gamma} - y \frac{d^2 f}{d\gamma^2} = 0$$

Twierdzenie II: Niech $R, U, D_0, b > 0$, potem problem

$$\frac{kf}{D_0 a^2} + \left(\frac{A \cdot b + U \cdot a - D_0 a}{D_0 a^2} \right) \frac{df}{d\gamma} - \gamma \frac{d^2 f}{d\gamma^2} = 0$$

(3.66)

spełnienie warunku granicznego

$f(0) = 1$, $f(1) = 0$

ma unikalne rozwiązanie

Dowód:

Niech $X_1 = \gamma$, $X_2 = f(\gamma)$, $X_3 = f'(\gamma)$

$$\begin{pmatrix} X' \\ X' \\ X' \end{pmatrix} = \begin{pmatrix} 1 \\ f'(\gamma) \\ f''(\gamma) \end{pmatrix} = \begin{pmatrix} 1 \\ X_3 \\ \frac{A \cdot b + U \cdot a - D_0 a}{D_0 a^2 X_1} X_3 + \frac{KX_2}{D_0 a^2 X_1} \end{pmatrix}$$

$$\begin{pmatrix} f_1(X_1,X_2,X_3) \\ f_2(X_1,X_2,X_3) \\ f_3(X_1,X_2,X_3) \end{pmatrix} = \begin{pmatrix} 1 \\ X_3 \\ \dfrac{A\cdot b+U\cdot a-D_0a}{D_0a^2X_1}X_3+\dfrac{KX_2}{D_0a^2X_1} \end{pmatrix}$$

Wraz z warunkami początkowymi

$$\begin{pmatrix} X_1(0) \\ X_2(0) \\ X_3(0) \end{pmatrix} = \begin{pmatrix} 0 \\ 0 \\ \Gamma \end{pmatrix}$$

Gdzie Γ jest odgadnięta tak, że warunki brzegowe są spełnione:

definiujemy

$$f_1(x_1,x_2,x_3)=1,\ f_2(x_1,X_2,X_3)=X_3,\ f_3(x_1,x_2,x_3)=\frac{A\cdot b+U\cdot a-D_0a}{D_0a^2X_1}X_3+\frac{KX_2}{D_0a^2X_1}$$

$$\left|\frac{\partial f_1}{\partial x_1}\right|=\left|\frac{\partial f_1}{\partial x_2}\right|=\left|\frac{\partial f_1}{\partial x_3}\right|=0$$

$$\left|\frac{\partial f_2}{\partial x_1}\right|=\left|\frac{\partial f_2}{\partial x_2}\right|=0,\left|\frac{\partial f_2}{\partial x_3}\right|=1$$

$$\left|\frac{\partial f_3}{\partial x_1}\right|=\left|-\left[\frac{A\cdot b+U\cdot a-D_0a}{D_0a^2X_1^2}\right]X_3-\frac{KX_2}{D_0a^2X_1^2}\right|=P_1 \quad , \quad X_1, D_0, b>0$$

(3.67)

$$\left|\frac{\partial f_3}{\partial x_3}\right|=\left|\left(\frac{A\cdot b+U\cdot a-D_0a}{D_0a^2X_1}\right)\right|=P_2 \quad , \quad X_1, D_0, b>0$$

$$\left|\frac{\partial f_3}{\partial x_2}\right|=\left|\frac{k}{D_0a^2X_1}\right|=P_3 \quad , \quad X_1, D_0, k>0$$

Niech $k = \left|\frac{\partial f_i}{\partial x_J}\right|$, $i, j = 1,2,3,$ $\quad$ *so* $k = \max(1, P_1, P_2, P_3)$

Wyraźnie k istnieje od $0 < k < \infty$. . . Dlatego $\left|\frac{\partial f_i}{\partial x_J}\right|$ jest ograniczony $i, j = 1,2,3$

np. do. $\left|\frac{\partial f_i}{\partial x_J}\right| \leq k$. . . Stąd też istnieje unikalne rozwiązanie. To dopełnia dowód.

3.5 Rozwiązanie analityczne

Przechodzimy do rozwiązania analitycznego i omawiamy wyniki różnych uzyskanych profili przepływu. Równanie zostanie rozwiązane dla dwóch przypadków

3.6 Analityczne rozwiązanie problemu przypadku I

Sprawa IA: D jest zmienna, U jest stała, a k = 0(brak reakcji chemicznej)

i) Algebraiczna zmienna dyspersja hydrodynamiczna

Uwzględnić przejściowe jednowymiarowe przymiotnikowe równanie transportu zanieczyszczeń dyspersyjnych o stałej prędkości i zmiennej dyspersji hydrodynamicznej w przypadku braku reakcji chemicznej. Z równania (3.52) możemy napisać;

$$(1+\varepsilon)\frac{\partial C}{\partial t} + \frac{U\partial C}{\partial x} - D_0\frac{\partial}{\partial x}\left((a+bx)^n\frac{\partial C}{\partial x}\right) = 0$$

(3.68)

Zakładając, że b jest parametrem perturbacyjnym

Niech $b = o(\varphi) < 1$

$$D = D_0(a+bx)^n$$

$$(a+bx)^n = a^n + na^{n-1}\varphi x + n\frac{(n-1)a^{n-2}\varphi^2x^2}{2!} + \frac{n(n-1)(n-2)a^{n-3}\varphi^3x^3}{3!} + ---$$

$$C = C_0 + \varphi C_1 + \varphi^2C_2 + ---\varphi^n C_n$$

Stężenie $C(x,t)$ jest rozszerzane o φ jako parametr perturbacyjny, jak pokazano powyżej. $C(x,t)$ jest podstawiane do równania (3.68). Pomijając porządek drugi i wszystkie wyższe rzędy φ, otrzymuje się następujący układ jednorodnych równań różniczkowych porządku (φ0) i porządku (φ1):

$$(1+\varepsilon)\frac{\partial C}{\partial t}+\frac{U\partial C}{\partial x}-\frac{\partial}{\partial x}\left(D_0(a+bx)^n\frac{\partial C}{\partial x}\right)=0$$

$$\frac{R\partial C}{\partial t}+\frac{U\partial C}{\partial x}-D_0\frac{\partial}{\partial x}\left((a+bx)^n\frac{\partial C}{\partial x}\right)=0$$

gdzie (1+ ε) = R

$$\frac{R\partial}{\partial t}\left(C_0+\varphi C_1+\varphi^2C_2+---\right)+\frac{U\partial}{\partial x}\left(C_0+\varphi C_1+\varphi^2C_2+---\right)$$
$$-D_0\frac{\partial}{\partial x}\left[\left(na^n+na^{n-1}\varphi x+n(n-1)a^{n-2}\varphi^2x^2+---\right)\frac{\partial}{\partial x}\left(C_0+\varphi C_1+\varphi^2C_2+---\right)\right]=0$$

$$\frac{R\partial}{\partial t}\left(C_0+\varphi C_1+\varphi^2C_2+---\right)+\frac{U\partial}{\partial x}\left(C_0+\varphi C_1+\varphi^2C_2+---\right)$$
$$-D_0\frac{\partial}{\partial x}\left[a^n\frac{\partial}{\partial x}\left(C_0+\varphi C_1+\varphi^2C_2+---\right)\right]-D_0\frac{\partial}{\partial x}\left[a^{n-1}\varphi x\frac{\partial}{\partial x}\left(C_0+\varphi C_1+\varphi^2C_2+---\right)\right]=0$$

Dla zamówienia (φ0)

$$\frac{R\partial}{\partial t}C_0+\frac{U\partial C_0}{\partial x}-D_0a^n\frac{\partial^2C_0}{\partial x^2}=0 \qquad (3.69)$$

$C_0(0,t)=1$, $C_0(1,t)=0$, $C_0(x,0)$

Dla zamówienia (φ1)

$$\frac{R\partial}{\partial t}\left(C_0+\varphi C_1\right)+\frac{U\partial}{\partial x}\left(C_0+\varphi C_1\right)-D_0a^n\frac{\partial^2}{\partial x^2}\left(C_0+\varphi C_1\right)-D_0na^{n-1}\varphi\frac{\partial}{\partial x}\left(x\frac{\partial}{\partial x}(C_0)\right)=0$$

$$\frac{R\partial}{\partial t}C_0+\frac{U\partial C_0}{\partial x}-D_0a^n\frac{\partial^2C_0}{\partial x^2}+\varphi R\frac{RC_1}{\partial t}+\varphi u\frac{\partial C_1}{\partial x}-D_0\varphi a^n\frac{\partial^2}{\partial x^2}C_1-D_0n\varphi a^{n-1}\frac{\partial}{\partial x}\left(x\frac{\partial C_0}{\partial x}\right)=0$$

$$\frac{R\partial C_0}{\partial t}+\frac{U\partial C_0}{\partial x}-D_0a^n\frac{\partial^2C_0}{\partial x^2}-\varphi\left[R\frac{\partial C_1}{\partial t}+\frac{U\partial C_1}{\partial x}-D_0a^n\frac{\partial^2C_1}{\partial x^2}-D_0na^{n-1}\frac{\partial}{\partial x}\left(x\frac{\partial C_0}{\partial x}\right)\right]=0$$

(3.70)

$$R\frac{\partial C_1}{\partial t}+\frac{U\partial C_1}{\partial x}-D_0a^n\frac{\partial^2 C_1}{\partial x^2}-D_0na^{n-1}\frac{\partial}{\partial x}\left(x\frac{\partial C_0}{\partial x}\right)=0 \qquad (3.71)$$

$$C_1(0,t)=C_1(1,t)=C_1(x,0)=0$$

Rozwiązanie na zamówienie (φ0) problem

$$\frac{R\partial C_0}{\partial t}+\frac{U\partial C_0}{\partial x}-D_0a^n\frac{\partial^2 C_0}{\partial x^2}=0$$

Niech $F=\frac{U}{R}$ *and* $G=\frac{D_0a^n}{R}$ (3.72)

$$\frac{G\partial^2 C_0}{\partial x^2}-\frac{F\partial C_0}{\partial x}-\frac{\partial C_0}{\partial t}=0 \qquad (3.73)$$

$$C_0(0,t)=1\ ,\ C_0(1,t)=0\ ,\ C_0(x,0)=1$$

Zastosowanie techniki rozdzielania zmiennych

Niech $C_0=X(x)T(t)$

Następnie równanie (3.31) staje się

$$\frac{Gd^2X(x)}{dx^2}-\frac{FdX(x)}{dx}-\lambda^2X(x)=0 \qquad (3.74)$$

$$\frac{dT(t)}{dt}=-\lambda^2T(t)$$

Gdzie λ^2jest arbitralną stałą. Rozwiązywanie i stosowanie warunków brzegowych i początkowych.

$$GD_1^2-FD_1-\lambda^2=0$$

$$D_1=\frac{F\pm\sqrt{F^2+4G\lambda^2}}{2G}$$

$$D_1=\frac{F}{2G}\pm K$$

Gdzie $K = \frac{\sqrt{F^2 + 4G\lambda^2}}{2G}$

$$X(x) = e^{\frac{Fx}{2G}}\left(A_1 \cosh kx + B_1 \sinh kx\right)$$

$$T(t) = C_2 e^{-\lambda^2 t}$$

Stosowanie warunków brzegowych i wstępnych

$$C_0(0,t) = C_0(x,0) = 1$$

$$\Rightarrow C_0(0,0) = X(0)T(0) = 1$$

$$X(0) = 1$$

$$1 = e^0 (A_1 + 0)$$

$$A_1 = 1$$

$$T(0) = 1$$

$$1 = C_2 e^0$$

$$C_2 = 1$$

$$C_0(1,t) = 0$$

$$0 = e^{\frac{Fx}{2G}}\left(\cosh K + B_1 \sinh k\right)$$

$$B_1 = \frac{-\cosh k}{\sinh k} = -\coth k$$

$$X(x) = e^{\frac{Fx}{2G}}\left(\cosh kx - \coth k \sinh kx\right)$$

$$T(t) = e^{-\lambda^2 t}$$

(3.75)

Rozwiązanie problemu porządku (φ0) jest więc podane jako

$$C_0(x,t) = e^{\frac{Fx}{2G} - \lambda^2 t}\left(\cosh kx - \coth k \sinh kx\right)$$

(3.76)

Substitute $C_0(x,t)$ *in equation* (3.71), *we have*:

$$\frac{R\partial C_1}{\partial t}+\frac{U\partial C_1}{\partial x}-D_0a^n\frac{\partial^2 C_1}{\partial x^2}=D_0na^{n-1}\frac{\partial}{\partial x}\left(x\frac{\partial C_0}{\partial x}\right)$$

$$C_1(0,t)=C_1(1,t)=C_1(x,0)=0$$

$$G\frac{\partial^2 C_1}{\partial x^2}-\frac{F\partial C_1}{\partial x}-\frac{\partial C_1}{\partial t}=-\frac{n}{a}G\frac{\partial}{\partial x}\left(x\frac{\partial C_0}{\partial x}\right)=-\frac{n}{a}Gx\frac{\partial^2 C_0}{\partial x^2}-\frac{n}{a}G\frac{\partial C_0}{\partial x}$$

(3.77)

$C_0(x,t)$ może być również wyrażony jako:

$$C_0(x,t)=e^{-\lambda^2 t}\left[\frac{A_1}{2}\left(e^{\frac{Fx}{2G}+kx}+e^{\frac{Fx}{2G}-kx}\right)+\frac{B_1}{2}\left(e^{\frac{Fx}{2G}+kx}-e^{\frac{Fx}{2G}-kx}\right)\right]$$

$$C_0(x,t)=e^{-\lambda^2 t}\left[\left(\frac{A_1-B_1}{2}\right)e^{\frac{Fx}{2G}+kx}+\left(\frac{A_1+B_1}{2}\right)e^{\frac{Fx}{2G}-kx}\right]$$

(3.78)

$$C_0(x,t)=e^{-\lambda^2 t}\left(A_2e^{m_1x}+B_2e^{m_2x}\right)$$

Gdzie $A_2=\frac{A_1-B_1}{2}$, $B_2=\frac{A_1+B_1}{2}$

(3.79)

$$m_1=\frac{F}{2G}+K\ ,\quad m_2=\frac{F}{2G}-K$$

$$G\frac{\partial^2 C_1}{\partial x^2}-\frac{F\partial C_1}{\partial x}-\frac{\partial C_1}{\partial t}=-\frac{n}{a}Gx\left(e^{-\lambda^2 t}A_2m_1^2e^{m_1x}+e^{-\lambda^2 t}B_2m_2^2e^{m_2x}\right)$$
$$-\frac{n}{a}G\left(e^{-\lambda^2 t}A_2m_1e^{m_1x}+e^{-\lambda^2 t}B_2m_2e^{m_2x}\right)$$

(3.80)

Weź transformator Laplace z (3,80), mamy:

$$\frac{Gd^2\overline{C}_1}{dx^2} - \frac{Fd\overline{C}_1}{\partial x} - \left(S\overline{C}_1 - \overline{C}_1(0)\right)$$
$$= \frac{-nG}{a(S+\lambda^2)}\left(xA_2m_1^2e^{m_1x} + xB_2m_2^2e^{m_2x} + m_1A_2e^{m_1x} + m_2B_2e^{m_2x}\right)$$

$$\overline{C}_1(0,s) = \overline{C}_1(1,s) = \overline{C}_1(x,s) = 0$$

$$\frac{Gd^2\overline{C}_1}{dx^2} - \frac{Fd\overline{C}_1}{\partial x} - S\overline{C}_1$$
$$= \frac{-nG}{a(S+\lambda^2)}\left(A_2m_1^2xe^{m_1x} + B_2m_2^2xe^{m_2x} + m_1A_2e^{m_1x} + m_2B_2e^{m_2x}\right)$$
(3.81)

teraz znaleźć funkcję uzupełniającą w następujący sposób

$$D_2 = \frac{F \pm \sqrt{F^2 + 4GS}}{2G}$$

$$D_2 = \frac{F}{2G} \pm \mu \,, \qquad where \;\; \mu = \frac{\sqrt{F^2 + 4GS}}{2G}$$

$$\overline{C}_{1c}(x,s) = e^{\frac{Fx}{2G}}\left(A_3 \sinh \mu x + B_3 \cosh \mu x\right)$$
(3.82)

A3 i B3 są stałymi arbitralnymi. Szczególną całością jest

$$\overline{C}_{1P}(x,s) = -\frac{nG}{a}\left(\frac{A_2m_1^2xe^{m_1x} + B_2m_2^2xe^{m_2x} + m_1A_2e^{m_1x} + m_2B_2e^{m_2x}}{G\left(S+\lambda^2\right)\left(D^2 - \frac{F}{G}D - \frac{S}{G}\right)}\right)$$

$$-\frac{a}{n}\left(S+\lambda^2\right)\overline{C}_{1P}(x,S) = A_2m_1^2e^{m_2x}\frac{1}{\left(D+\frac{F}{2G}+K\right)^2 - \frac{F}{G}\left(D+\frac{F}{2G}+K\right) - \frac{S}{G}}x$$

$$+ B_2m_2^2e^{m_2x}\frac{1}{\left(D+\frac{F}{2G}-K\right)^2 - \frac{F}{G}\left(D+\frac{F}{2G}-K\right) - \frac{S}{G}}x$$

$$+\frac{A_2 m_1 e^{m_1 x}}{\left(\frac{F}{2G}+K\right)^2-\frac{F}{G}\left(\frac{F}{2G}+K\right)-\frac{S}{G}}+\frac{B_2 m_2 e^{m_2 x}}{\left(\frac{F}{2G}-K\right)^2-\frac{F}{G}\left(\frac{F}{2G}-K\right)-\frac{S}{G}}$$

Gdzie $m_1=\frac{F}{2G}+K$ *and* $m_2=\frac{F}{2G}-K$

Dlatego,

$$-\frac{a}{n}\left(S+\lambda^2\right)\overline{C}_{1P}(x,S)=A_2 m_1^2 e^{m_1 x}\frac{1}{D^2+2DK+K^2-\mu^2}x$$

$$+B_2 m_2^2 e^{m_2 x}\frac{1}{D^2-2DK+K^2-\mu^2}x+\frac{A_2 m_1 e^{m_1 x}}{K^2-\mu^2}+\frac{B_2 m_2 e^{m_2 x}}{K^2-\mu^2}$$

$$-\frac{a}{n}\left(S+\lambda^2\right)\overline{C}_{1P}(x,S)=A_2 m_1^2 e^{m_1 x}\frac{1}{(D+K)^2-\mu^2}x+B_2 m_2^2 e^{m_2 x}\frac{1}{(D-K)^2-\mu^2}x$$

$$+\frac{A_2 m_1 e^{m_1 x}}{K^2-\mu^2}+\frac{B_2 m_2 e^{m_2 x}}{K^2-\mu^2}$$

$$-\frac{a}{n}\left(S+\lambda^2\right)\overline{C}_{1P}(x,S)=\frac{A_2 m_1^2 e^{m_1 x}}{K^2-\mu^2}\left\{1+\left(\frac{D^2+2DK}{K^2-\mu^2}\right)\right\}^{-1}x$$

$$+\frac{B_2 m_2^2 e^{m_2 x}}{K^2-\mu^2}\left\{1+\left(\frac{D^2-2DK}{K^2-\mu^2}\right)\right\}^{-1}x+\frac{A_2 m_1 e^{m_1 x}}{K^2-\mu^2}+\frac{B_2 m_2 e^{m_2 x}}{K^2-\mu^2}$$

$$-\frac{a}{n}\left(S+\lambda^2\right)\overline{C}_{1P}(x,S)=\frac{A_2 m_1^2 e^{m_1 x}}{K^2-\mu^2}\left\{1-\frac{2DK}{K^2-\mu^2}\right\}x+\frac{B_2 m_2^2 e^{m_2 x}}{K^2-\mu^2}\left\{1+\frac{2DK}{K^2-\mu^2}\right\}x$$

$$+\frac{A_2 m_1 e^{m_1 x}}{K^2-\mu^2}+\frac{B_2 m_2 e^{m_2 x}}{K^2-\mu^2}$$

$$-\frac{a}{n}\left(S+\lambda^2\right)\overline{C}_{1P}(x,S)=\frac{A_2 m_1^2 e^{m_1 x}}{K^2-\mu^2}\left\{x-\frac{2K}{K^2-\mu^2}\right\}+\frac{B_2 m_2^2 e^{m_2 x}}{K^2-\mu^2}\left\{x+\frac{2K}{K^2-\mu^2}\right\}$$

$$+\frac{A_2 m_1 e^{m_1 x}}{K^2-\mu^2}+\frac{B_2 m_2 e^{m_2 x}}{K^2-\mu^2}$$

$$-\frac{a}{n}\left(S+\lambda^2\right)\overline{C}_{1P}(x,S)=\frac{x}{K^2-\mu^2}\left(A_2m_1^2e^{m_1x}+B_2m_2^2e^{m_2x}\right)$$

$$-\frac{A_2}{K^2-\mu^2}\left(\frac{2Km_1^2}{K^2-\mu^2}-m_1\right)e^{m_1x}+\frac{B_2}{K^2-\mu^2}\left(m_2+\frac{2Km_2^2}{K^2-\mu^2}\right)e^{m_2x}$$

(3.83)

$$\overline{C}_{1p}(x,s)=\quad -\frac{nx}{a\left(S+\lambda^2\right)\left(K^2-\mu^2\right)}\left(A_2m_1^2e^{m_1x}+B_2m_2^2e^{m_2x}\right)$$

$$+\frac{A_2n}{a\left(S+\lambda^2\right)\left(K^2-\mu^2\right)}\left(\frac{2Km_1^2}{K^2-\mu^2}-m_1\right)e^{m_1x}$$

$$-\frac{B_2n}{a\left(S+\lambda^2\right)\left(K^2-\mu^2\right)}\left(m_2+\frac{2Km_2^2}{K^2-\mu^2}\right)e^{m_2x}$$

$$\overline{C}_1(x,s)=\overline{C}_{1c}(x,s)+\overline{C}_{1P}(x,s)$$

$$\overline{C}_1(x,s)=e^{\frac{Fx}{2G}}\left(A_3\sinh ux+B_3\cosh ux\right)$$

$$-\frac{nx}{a\left(S+\lambda^2\right)\left(K^2-\mu^2\right)}\left(A_2m_1^2e^{m_1x}+B_2m_2^2e^{m_2x}\right)$$

$$+\frac{A_2n}{a\left(S+\lambda^2\right)\left(K^2-\mu^2\right)}\left(\frac{2Km_1^2}{K^2-\mu^2}-m_1\right)e^{m_1x}$$

$$-\frac{B_2n}{a\left(S+\lambda^2\right)\left(K^2-\mu^2\right)}\left(m_2+\frac{2Km_2^2}{K^2-\mu^2}\right)e^{m_2x}$$

(3.84)

Zastosowanie warunków brzegowych i wstępnych.

$$\overline{C}_1(0,s)=\overline{C}_1(x,s)=0=\overline{C}_1(1,s)$$

$$B_3 = -\frac{A_2 n}{a\left(S+\lambda^2\right)\left(K^2-\mu^2\right)}\left(\frac{2Km_1^2}{K^2-\mu^2} - m_1\right) + \frac{B_2 n}{a\left(S+\lambda^2\right)\left(K^2-\mu^2\right)}\left(m_2 + \frac{2Km_2^2}{K^2-\mu^2}\right)$$

$$B_3 = \frac{A_2 n m_1}{a\left(S+\lambda^2\right)\left(K^2-\mu^2\right)} + \frac{B_2 n m_2}{a\left(S+\lambda^2\right)\left(K^2-\mu^2\right)}$$

$$-\frac{A_2 n}{a\left(S+\lambda^2\right)\left(K^2-\mu^2\right)}\left(\frac{2Km_1^2}{K^2-\mu^2}\right) + \frac{B_2 n}{a\left(S+\lambda^2\right)\left(K^2-\mu^2\right)}\left(\frac{2Km_2^2}{K^2-\mu^2}\right)$$

$$B_3 = \frac{n(B_2 m_2 + A_2 m_1)}{a\left(S+\lambda^2\right)\left(K^2-\mu^2\right)} - \frac{2Kn(A_2 m_1^2 - B_2 m_2^2)}{a\left(S+\lambda^2\right)\left(K^2-\mu^2\right)^2}$$

Let i $B_4 = B_2 m_2 + A_2 m_1$ $B_5 = -2K(A_2 m_1^2 - B_2 m_2^2)$ (3.85)

$$B_3 = \frac{n B_4}{a\left(S+\lambda^2\right)\left(K^2-\mu^2\right)} + \frac{B_5 n}{a\left(S+\lambda^2\right)\left(K^2-\mu^2\right)^2}$$

$$\overline{C}(1,s) = 0$$

$$0 = e^{\frac{F}{2G}} \cdot A_3 \sinh\mu + e^{\frac{F}{2G}} \cdot B_3 \cosh\mu - \frac{-n}{a(s+\lambda^2)(K^2-\mu^2)}\left(A_2 m_1^2 e^{m_1} + B_2 m_2^2 e^{m_2}\right)$$

$$+\frac{A_2 n}{a(s+\lambda^2)(K^2-\mu^2)}\left(\frac{2Km_1^2}{K^2-\mu^2} - m_1\right)e^{m_1} - \frac{B_2 n}{a(s+\lambda^2)(K^2-\mu^2)}\left(m_2 + \frac{2Km_2^2}{K^2-\mu^2}\right)e^{m_2}$$

$$e^{\frac{F}{2G}} A_3 \sinh\mu = -e^{\frac{F}{2G}} B_3 \cosh\mu + \frac{n}{a(s+\lambda^2)(K^2-\mu^2)}\left(A_2 m_1^2 e^{m_1} + B_2 m_2^2 e^{m_2}\right)$$

$$-\frac{A_2 n}{a(s+\lambda^2)(K^2-\mu^2)}\left(\frac{2Km_1^2}{K^2-\mu^2} - m_1\right)e^{m_1} + \frac{B_2 n}{a(s+\lambda^2)(K^2-\mu^2)}\left(m_2 + \frac{2Km_2^2}{K^2-\mu^2}\right)e^{m_2}$$

$$A_3 = -B_3 \coth\mu + \frac{n e^{-\frac{F}{2G}}}{a\left(S+\lambda^2\right)\left(K^2-\mu^2\right)\sinh\mu}\left(A_2 m_1^2 e^{m_1} + B_2 m_2^2 e^{m_2}\right)$$

$$-\frac{A_2 ne^{-\frac{F}{2G}}}{a\left(S+\lambda^2\right)\left(K^2-\mu^2\right)\sinh\mu}\left(\frac{2Km_1^2}{K^2-\mu^2}-m_1\right)e^{m_1}$$

$$+\frac{B_2 ne^{-\frac{F}{2G}}}{a\left(S+\lambda^2\right)\left(K^2-\mu^2\right)\sinh\mu}\left(m_2+\frac{2Km_2^2}{K^2-\mu^2}\right)e^{m_2}$$

Użycie B3 od (3.43)

$$A_3=-\left[\frac{nB_4}{a\left(S+\lambda^2\right)\left(K^2-\mu^2\right)}+\frac{nB_5}{a\left(S+\lambda^2\right)\left(K^2-\mu^2\right)^2}\right]\coth\mu$$

$$+\frac{ne^{-\frac{F}{2G}}}{a\left(S+\lambda^2\right)\left(K^2-\mu^2\right)\sinh\mu}\left(A_2m_1^2e^{m_1}+B_2m_2^2e^{m_2}\right)$$

$$+\frac{ne^{-\frac{F}{2G}}}{a\left(S+\lambda^2\right)\left(K^2-\mu^2\right)\sinh\mu}\left(B_2m_2e^{m_2}+A_2m_1e^{m_1}\right)$$

$$-\frac{2Kne^{-\frac{F}{2G}}}{a\left(S+\lambda^2\right)\left(K^2-\mu^2\right)^2\sinh\mu}\left(A_2m_1^2e^{m_1}-B_2m_2^2e^{m_2}\right)$$

$$A_3=-\frac{nB_4\coth\mu}{a\left(S+\lambda^2\right)\left(K^2-\mu^2\right)}-\frac{nB_5\coth\mu}{a\left(S+\lambda^2\right)\left(K^2-\mu^2\right)^2}$$

$$+\frac{ne^{-\frac{F}{2G}}}{a\left(S+\lambda^2\right)\left(K^2-\mu^2\right)\sinh\mu}\left(A_2m_1^2e^{m_1}+B_2m_2^2e^{m_2}+B_2m_2e^{m_2}+A_2m_1e^{m_1}\right)$$

$$-\frac{2Kne^{-\frac{F}{2G}}}{a\left(S+\lambda^2\right)\left(K^2-\mu^2\right)^2\sinh\mu}\left(A_2m_1^2e^{m_1}-B_2m_2^2e^{m_2}\right)$$

$$A_3 = -\frac{nB_4 \coth\mu}{a(S+\lambda^2)(K^2-\mu^2)} - \frac{nB_5 \coth\mu}{a(S+\lambda^2)(K^2-\mu^2)^2}$$

$$+\frac{nA_4}{a(S+\lambda^2)(K^2-\mu^2)\sinh\mu} + \frac{nA_5}{a(S+\lambda^2)(K^2-\mu^2)^2\sinh\mu}$$

Niech

$$A_4 = e^{-\frac{F}{2G}}\left(A_2 m_1^2 e^{m_1} + B_2 m_2^2 e^{m_2}\right) + e^{-\frac{F}{2G}}\left(B_2 m_2 e^{m_2} + A_2 m_1 e^{m_1}\right)$$

oraz

$$A_5 = -2Ke^{-\frac{F}{2G}}\left(A_2 m_1^2 e^{m_1} - B_2 m_2^2 e^{m_2}\right)$$

(3.86)

A3 może być napisane jako

$$A_3 = \frac{n(A_4 - B_4\cosh\mu)}{a(S+\lambda^2)(K^2-\mu^2)\sinh\mu} + \frac{n(A_5 - B_5\cosh\mu)}{a(S+\lambda^2)(K^2-\mu^2)^2\sinh\mu}$$

(3.87)

Przypomnijmy sobie, że

$$B_3 = \frac{nB_4}{a(S+\lambda^2)(K^2-\mu^2)} + \frac{nB_5}{a(S+\lambda^2)(K^2-\mu^2)^2}$$

(3.88)

Zastępca (3.87) i (3.88) w 3.84

$$\overline{C}_1(x,s) = e^{\frac{Fx}{2G}}\left(\left(\frac{n(A_4 - B_4\cosh\mu)}{a(S+\lambda^2)(K^2-\mu^2)\sinh\mu} + \frac{n(A_5 - B_5\cosh\mu)}{a(S+\lambda^2)(K^2-\mu^2)^2\sinh\mu}\right)\sinh ux\right)$$

$$+\left(\left(\frac{nB_4}{a(S+\lambda^2)(K^2-\mu^2)} + \frac{nB_5}{a(S+\lambda^2)(K^2-\mu^2)^2}\right)\cosh ux\right)$$

$$-\frac{nx}{a(S+\lambda^2)(K^2-\mu^2)}\left(A_2 m_1^2 e^{m_1 x} + B_2 m_2^2 e^{m_2 x}\right)$$

$$+\frac{A_2 n}{a(S+\lambda^2)(K^2-\mu^2)}\left(\frac{2Km_1^2}{K^2-\mu^2}-m_1\right)e^{m_1 x}$$

$$-\frac{B_2 n}{a(S+\lambda^2)(K^2-\mu^2)}\left(m_2+\frac{2Km_2^2}{K^2-\mu^2}\right)e^{m_2 x} \tag{3.89}$$

Z relacji

$$K=\frac{\sqrt{F^2+4G\lambda^2}}{2G} \quad and \quad \mu=\frac{\sqrt{F^2+4GS}}{2G}$$

$$K^2-\mu^2=\frac{\lambda^2-S}{G}$$

$$\frac{1}{K^2-\mu^2}=\frac{G}{\lambda^2-S}=\frac{-G}{S-\lambda^2}$$

(3.90)

Zastępca (3.90) w (3.89)

$\overline{C_1}(x,s)$ Staje się

$$\overline{C_1}(x,s)=-\frac{nGe^{\frac{Fx}{2G}}}{a(S+\lambda^2)(S-\lambda^2)}\left[\left(\frac{A_4-B_4\cosh\mu}{\sinh\mu}\right)\sinh\mu x+B_4\cosh\mu x\right]$$

$$-\frac{nG^2e^{\frac{Fx}{2G}}}{a(S+\lambda^2)(S-\lambda^2)^2}\left[\left(\frac{A_5-B_5\cosh\mu}{\sinh\mu}\right)\sinh\mu x+B_5\cosh\mu x\right]$$

$$+\frac{nGx}{a(S+\lambda^2)(S-\lambda^2)}\left(A_2m_1^2e^{m_1x}+B_2m_2^2e^{m_2x}\right)$$

$$-\frac{2KnG^2}{a(S+\lambda^2)(S-\lambda^2)^2}\left(A_2m_1^2e^{m_1x}-B_2m_2^2e^{m_2x}\right)$$

$$+\frac{nG}{a(S+\lambda^2)(S-\lambda^2)}\left(B_2m_2e^{m_2x}+A_2m_1e^{m_1x}\right)$$

$$\overline{C}_1(x,s) = -\frac{nGe^{\frac{Fx}{2G}}}{a(S+\lambda^2)(S-\lambda^2)}\left(\frac{A_4 \sinh \mu x}{\sinh \mu}\right)$$

$$-\frac{nB_4Ge^{\frac{Fx}{2G}}}{a(S+\lambda^2)(S-\lambda^2)}\left(\frac{\sinh \mu \cosh \mu x - \cosh \mu \sinh \mu x}{\sinh \mu}\right)$$

$$-\frac{nG^2e^{\frac{Fx}{2G}}}{a(S+\lambda^2)(S-\lambda^2)^2}\left(\frac{A_5 \sinh \mu x}{\sinh \mu}\right)$$

$$-\frac{nB_5G^2e^{\frac{Fx}{2G}}}{a(S+\lambda^2)(S-\lambda^2)}\left(\frac{\sinh \mu \cosh \mu x - \cosh \mu \sinh \mu x}{\sinh \mu}\right)$$

$$+\frac{nGx}{a(S+\lambda^2)(S-\lambda^2)}\left(A_2m_1^2e^{m_1x} + B_2m_2^2e^{m_2x}\right)$$

$$-\frac{2KnG^2}{a(S+\lambda^2)(S-\lambda^2)^2}\left(A_2m_1^2e^{m_1x} - B_2m_2^2e^{m_2x}\right)$$

$$+\frac{nG}{a(S+\lambda^2)(S-\lambda^2)}\left(B_2m_2e^{m_2x} + A_2m_1e^{m_1x}\right)$$

$$\overline{C}_1(x,s) = \frac{-nGe^{\frac{Fx}{2G}}}{a(S+\lambda^2)(S-\lambda^2)}\left(\frac{A_4 \sinh \mu x}{\sinh \mu}\right) - \frac{-nG^2e^{\frac{Fx}{2G}}}{a(S+\lambda^2)(S-\lambda^2)^2}\left(\frac{A_5 \sinh \mu x}{\sinh \mu}\right)$$

$$-\frac{-nGB_4e^{\frac{Fx}{2G}}}{a(S+\lambda^2)(S-\lambda^2)}\left(\frac{\sinh(1-x)\mu}{\sinh \mu}\right) - \frac{nG^2B_5e^{\frac{Fx}{2G}}}{a(S+\lambda^2)(S-\lambda^2)^2}\left(\frac{\sinh(1-x)\mu}{\sinh \mu}\right)$$

$$+\frac{nGx}{a(S+\lambda^2)(S-\lambda^2)}\left(A_2m_1^2e^{m_1x} + B_2m_2^2e^{m_2x}\right)$$

$$-\frac{2KnG^2}{a(S+\lambda^2)(S-\lambda^2)^2}\left(A_2m_1^2e^{m_1x} - B_2m_2^2e^{m_2x}\right)$$

$$+\frac{nG}{a(S+\lambda^2)(S-\lambda^2)}\left(B_2m_2e^{m_2x} + A_2m_1e^{m_1x}\right)$$

(3.91)

$$C_1(x,t) = -\frac{nGA_4 e^{\frac{Fx}{2G}}}{a\lambda^2}\left[\frac{e^{-\lambda^2 t}\sinh x\xi}{2\sinh\xi} - \frac{e^{-\lambda^2 t}\sinh x\eta}{2\sinh\eta}\right]$$

$$+\frac{nGA_4 e^{\frac{Fx}{2G}}}{ae^{\lambda_1^2 t}}\left[2\pi\sum_{p=0\alpha^2}^{\infty}\frac{pe^{-p^2\pi^2 t/\alpha^2}}{(S_p+\lambda^2)(S_p-\lambda^2)}\sin p\pi x\right]$$

$$-\frac{nG^2 A_5 e^{\frac{Fx}{2G}}}{2a\lambda^2}\left[te^{\lambda^2 t}\frac{\sinh x\xi}{\sinh\xi} - \frac{e^{\lambda^2 t}\sinh x\xi}{2\lambda^2\sinh\xi} + \frac{e^{-\lambda^2 t}\sinh x\eta}{2\lambda^2\sinh\eta}\right]$$

$$+\frac{nG^2 A_5 e^{\frac{Fx}{2G}}}{ae^{\lambda_1^2 t}}\left[2\pi\sum_{p=0\alpha^2}^{\infty}\frac{pe^{-p^2\pi^2 t/\alpha^2}}{(S_p+\lambda^2)(S_p-\lambda^2)^2}\sin p\pi x\right]$$

$$-\frac{nGB_4 e^{\frac{Fx}{2G}}}{a\lambda^2}\left[te^{\lambda^2 t}\frac{\sinh(1-x)\xi}{2\sinh\xi} - \frac{e^{-\lambda^2 t}\sinh(1-x)\eta}{2\sinh\eta}\right]$$

$$-\frac{nGB_4 e^{\frac{Fx}{2G}}}{ae^{\lambda_1^2 t}}\left[2\pi\sum_{p=0\alpha^2}^{\infty}\frac{pe^{-p^2\pi^2 t/\alpha^2}}{(S_p+\lambda^2)(S_p-\lambda^2)}\sin p\pi x\right]$$

$$-\frac{nG^2 B_5}{2a\lambda^2}e^{\frac{Fx}{2G}}\left[\left(te^{\lambda^2 t} - \frac{e^{\lambda^2 t}}{2\lambda^2}\right)\frac{\sinh(1-x)\xi}{\sinh\xi} + e^{-\lambda^2 t}\frac{\sinh(1-x)\eta}{2\lambda^2\sinh\eta}\right]$$

$$-\frac{nG^2 B_5 e^{\frac{Fx}{2G}}}{ae^{\lambda_1^2 t}}\left[2\pi\sum_{p=0\alpha^2}^{\infty}\frac{pe^{-p^2\pi^2 t/\alpha^2}}{(S_p+\lambda^2)(S_p-\lambda^2)^2}\sin p\pi x\right]$$

$$+\left[\frac{nGA_2 m_1^2 e^{m_1 x}}{a\lambda^2} + \frac{nGB_2 m_2^2 e^{m_2 x}}{a\lambda^2}\right]x\sinh\lambda^2 t$$

$$-KG\left[\frac{nGA_2 m_1^2 e^{m_1 x}}{a\lambda^2} - \frac{nGB_2 m_2^2 e^{m_2 x}}{a\lambda^2}\right]\left(te^{\lambda^2 t} - \frac{\sinh\lambda^2 t}{\lambda^2}\right)$$

$$+\frac{nG}{a\lambda^2}\left(B_2 m_2 e^{m_2 x}+A_2 m_1 e^{m_1 x}\right)\sinh\lambda^2 t$$

$$C_1(x,t)=-\frac{nGA_4 e^{\frac{Fx}{2G}}}{a\lambda^2}\left[\frac{e^{-\lambda^2 t}\sinh x\xi}{2\sinh\xi}-\frac{e^{-\lambda^2 t}\sinh x\eta}{2\sinh\eta}\right]$$

$$+\frac{nGe^{\frac{Fx}{2G}}}{ae^{\lambda_1^2 t}}\left[2\pi\sum_{p=0\alpha^2}^{\infty}\frac{pe^{-p^2\pi^2 t/\alpha^2}}{(S_p+\lambda^2)(S_p-\lambda^2)}\sin p\pi x\right](A_4-B_4)$$

$$-\frac{nG^2 A_5 e^{\frac{Fx}{2G}}}{2a\lambda^2}\left[te^{\lambda^2 t}\frac{\sinh x\xi}{\sinh\xi}-\frac{e^{\lambda^2 t}\sinh x\xi}{2\lambda^2\sinh\xi}+\frac{e^{-\lambda^2 t}\sinh x\eta}{2\lambda^2\sinh\eta}\right]$$

$$+\frac{nG^2 e^{\frac{Fx}{2G}}}{ae^{\lambda_1^2 t}}\left[2\pi\sum_{p=0\alpha^2}^{\infty}\frac{pe^{-p^2\pi^2 t/\alpha^2}}{(S_p+\lambda^2)(S_p-\lambda^2)}\sin p\pi x\right](A_5-B_5)$$

$$-\frac{nG^2 B_5}{2a\lambda^2}e^{\frac{Fx}{2G}}\left[\left(te^{\lambda^2 t}-\frac{e^{\lambda^2 t}}{2\lambda^2}\right)\frac{\sinh(1-x)\xi}{\sinh\xi}+e^{-\lambda^2 t}\frac{\sinh(1-x)\eta}{2\lambda^2\sinh\eta}\right]$$

$$+\left[\frac{nGA_2 m_1^2 e^{m_1 x}}{a\lambda^2}+\frac{nGB_2 m_2^2 e^{m_2 x}}{a\lambda^2}\right]x\sinh\lambda^2 t$$

$$-KG\left[\frac{nGA_2 m_1^2 e^{m_1 x}}{a\lambda^2}-\frac{nGB_2 m_2^2 e^{m_2 x}}{a\lambda^2}\right]\left(te^{\lambda^2 t}-\frac{\sinh\lambda^2 t}{\lambda^2}\right)$$

$$+\frac{nG}{a\lambda^2}\left(B_2 m_2 e^{m_2 x}+A_2 m_1 e^{m_1 x}\right)\sinh\lambda^2 t \qquad (3.92)$$

gdzie

$$\lambda^2=\frac{U^2}{4D}$$

$$\xi=\frac{\sqrt{F^2+4G\lambda^2}}{2G}$$

$$\eta = \frac{\sqrt{F^2 - 4G\lambda^2}}{2G}$$

$$\alpha^2 = \frac{1}{G}$$

$$S_n = \frac{-p^{2\pi^2}}{\alpha^2} - \lambda_1^2$$

$$\lambda_1^2 = \frac{F^2}{4D}$$

$$F = D_0 \alpha^n$$

$$G = \frac{U}{1+\varepsilon}$$

$$B_1 = -\coth K$$

$$A_1 = 1$$

$$C_2 = 1$$

$$A_2 = \frac{A_1 - B_1}{2}$$

$$B_2 = \frac{A_1 + B_1}{2}$$

$$m_1 = \frac{F}{2G} + K$$

$$m_2 = \frac{F}{2G} - K$$

$$\mu = \frac{\sqrt{F^2 + 4GS}}{2G}$$

$$K = \frac{\sqrt{F^2 + 4G\lambda^2}}{2G}$$

$$\eta = \mu \quad at \qquad S = -\lambda^2$$

$$\xi = \mu \quad at \qquad S = \lambda^2$$

$$A_4 = e^{-\frac{F}{2G}}\left(A_2 m_1^2 e^{m_1} + B_2 m_2^2 e^{m_2}\right) + e^{-\frac{F}{2G}}\left(B_2 m_2 e^{m_2} + A_2 m_1 e^{m_1}\right)$$

$$A_5 = -2Ke^{-\frac{F}{2G}}\left(A_2 m_1^2 e^{m_1} - B_2 m_2^2 e^{m_2}\right)$$

$$B_4 = B_2 m_2 + A_2 m_1$$

$$B_5 = -2K(A_2 m_1^2 - B_2 m_2^2)$$

$$C(x,t) = C_0(x,t) + \varphi C_1(x,t)$$

$$C_0(x,t) = e^{\frac{Fx}{2G} - \lambda^2 t}\left(\cosh kx - \coth k \sinh kx\right)$$

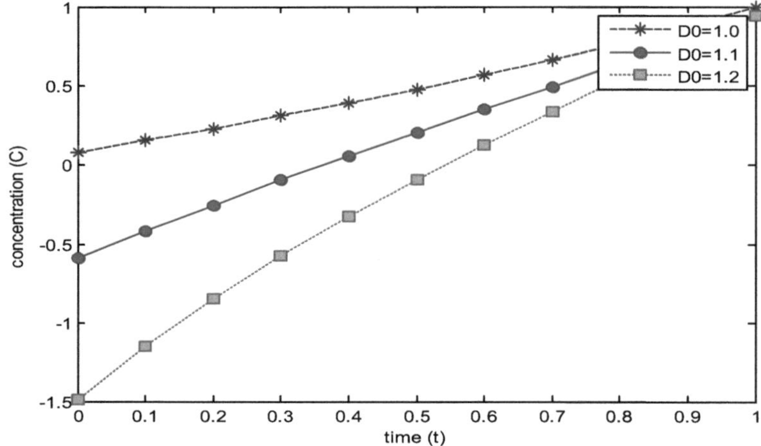

Rysunek 1: Wpływ dyspersji hydrodynamicznej (D0) na zmiany stężenia w czasie przy

$x = 0.5,\ n = 1,\ \varepsilon = 0.1,\ a = 1,\ A_1 = 1,\ \varphi = 0.1,\ U = 1$

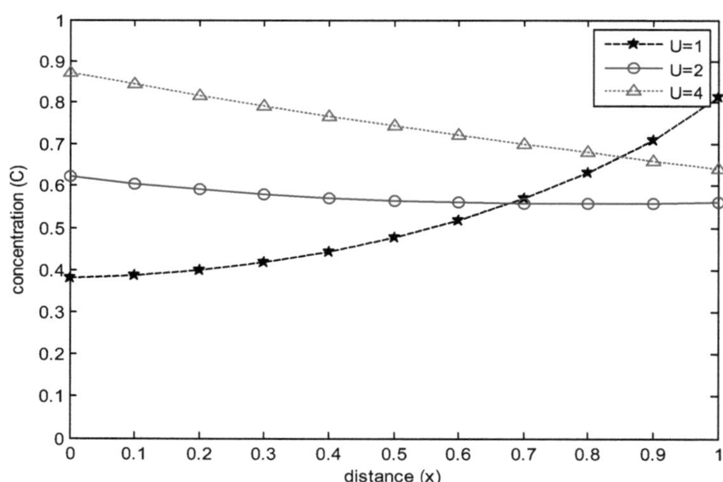

Rysunek 2: Wpływ prędkości przepływu (U) na zmianę stężenia w zależności od odległości przy

$t = 0.5,\ \varphi = 0.1,\ \varepsilon = 0.1,\ a = 1,\ A_1 = 1,\ D_0 = 1,\ n = 1$

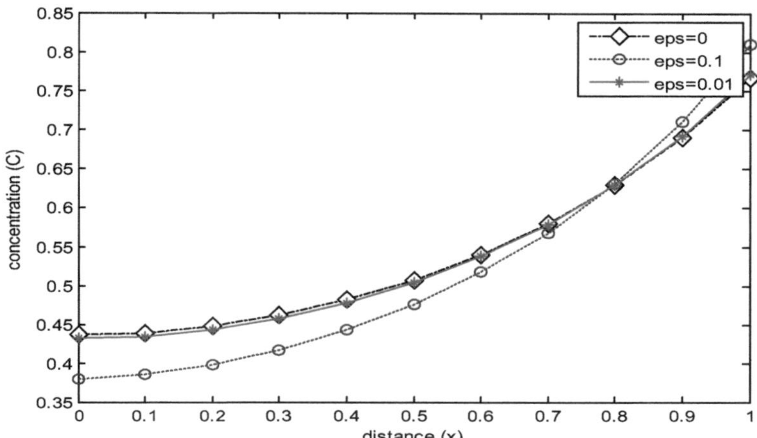

Rysunek 3: Wpływ hamowania hamowania (epsilon) na zmiany stężenia w zależności od odległości przy

$t = 0.5, \varphi = 0.1, a = 1, U = 1, A_1 = 1, D_0 = 1, n = 1$

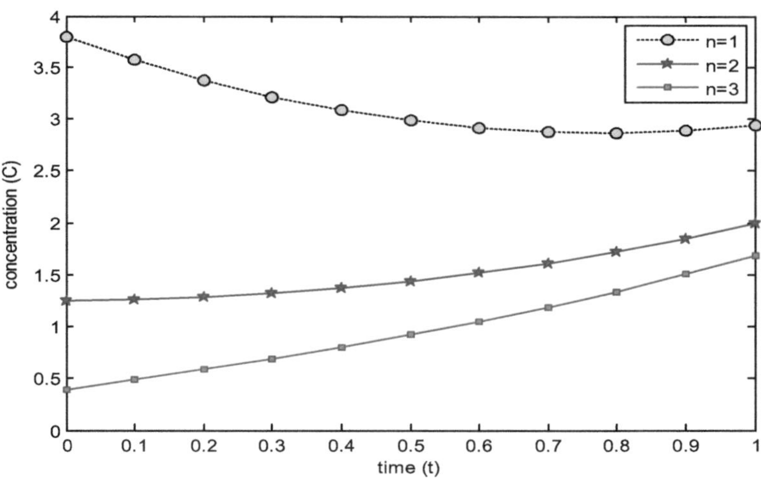

Rysunek 4: Wpływ kolejności reakcji (n) na zmianę stężenia w czasie przy

$x = 0.5, U = 1, a = 1, \varphi = 0.1, A_1 = 1, D_0 = 0.1, \varepsilon = 0.1$

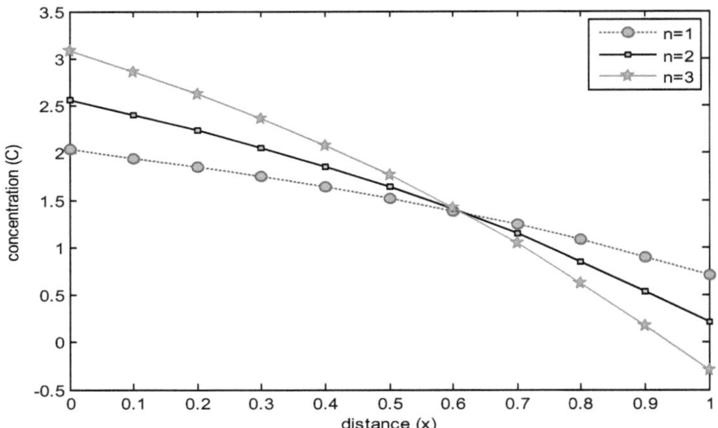

Rysunek 5: Wpływ kolejności reakcji (n) na zmianę stężenia w zależności od odległości przy

$t = 0.5,\ \varphi = 0.1,\ \varepsilon = 0.1, U = 1,\ A_1 = 1,\ D_0 = 1,\ a = 1$

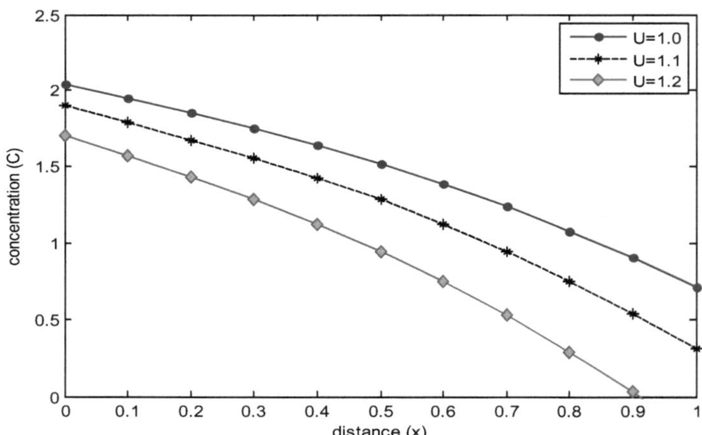

Rysunek 6: Wpływ prędkości przepływu (U) na zmianę stężenia w zależności od odległości przy

$t = 0.5,\ \varphi = 0.1,\ \varepsilon = 0.1,\ n = 1,\ A_1 = 1,\ D_0 = 1,\ a = 1$

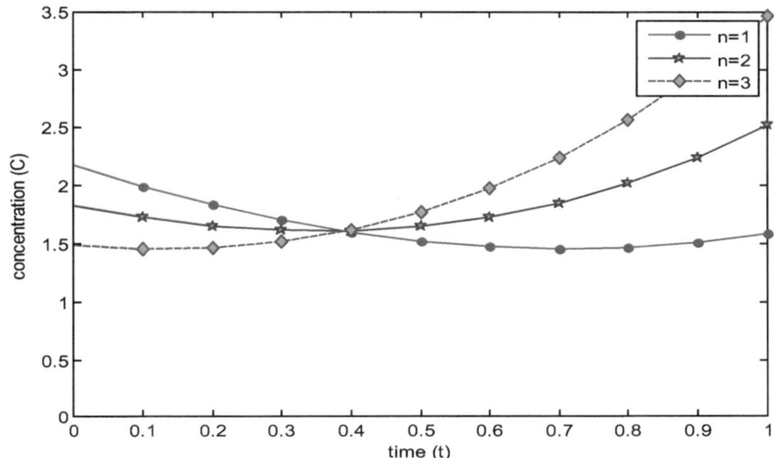

Rysunek 7: Wpływ kolejności reakcji (n) na zmianę stężenia w czasie przy

$x = 0.5,\ \varphi = 0.1,\ U = 1,\ \varepsilon = 0.1,\ A_1 = 1,\ D_0 = 1,\ a = 1$

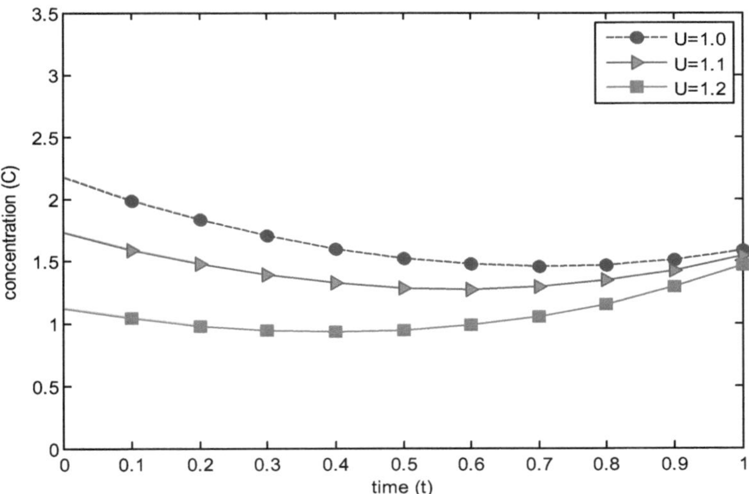

Rysunek 8: Wpływ prędkości przepływu (U) na zmiany stężenia w czasie przy

$x = 0.5,\ \varphi = 0.1,\ n = 1,\ \varepsilon = 0.1,\ A_1 = 1,\ D_0 = 1,\ a = 1$

Sprawa IB): D jest zmienna, U jest stała, a k = 0 (brak procesów chemicznych)

(i) Wykładnicza zmienna dyspersja hydrodynamiczna: φ Przybliżone rozwiązanie

Weź pod uwagę poniższe równanie.

$$(1+\varepsilon)\frac{\partial C}{\partial t}+\frac{U\partial C}{\partial x}-\frac{\partial}{\partial x}\left(D_0 e^{(a+bx)}\frac{\partial C}{\partial x}\right)=0$$

(3.93)

Niech $b = o(\varphi) <<< 1$

$$D = D_0 e^{(a+bx)}$$

$$D_0 e^{(a+bx)} = D_0 e^a e^{bx} = D_0 e^a\left(1+\varphi x+\frac{\varphi^2 x^2}{2!}+\frac{\varphi^3 x^3}{3!}+---\right)$$

Przedstawmy serię

$$C = C_0+\varphi C_1+\varphi^2 C_2+---\varphi^n C_n$$

Stężenie $C(x,t)$ jest rozszerzane o φ jako parametr perturbacyjny, jak pokazano powyżej. $C(x,t)$ jest podstawiane do równania (3.93). Pomijając porządek drugi i wszystkie wyższe rzędy φ, otrzymuje się następujący układ jednorodnych równań różniczkowych porządku (φ0) i porządku (φ1):

$$\frac{R\partial}{\partial t}\left(C_0+\varphi C_1+\varphi^2 C_2+---\right)+\frac{U\partial}{\partial x}\left(C_0+\varphi C_1+\varphi^2 C_2+---\right)$$
$$-D_0\frac{\partial}{\partial x}\left(e^a e^{bx}\frac{\partial C}{\partial x}\right)=0$$

$$\frac{R\partial}{\partial t}\left(C_0+\varphi C_1+\varphi^2 C_2+---\right)+\frac{U\partial}{\partial x}\left(C_0+\varphi C_1+\varphi^2 C_2+---\right)$$
$$-D_0 e^a\frac{\partial}{\partial x}\left(1+\varphi x+\frac{\varphi^2 x^2}{2!}+---\right)\frac{\partial}{\partial x}\left(C_0+\varphi C_1+\varphi^2 C_2+---\right)=0$$

$$R\frac{\partial}{\partial t}\left(C_0+\varphi C_1+\varphi^2 C_2+---\right)+\frac{U\partial}{\partial x}\left(C_0+\varphi C_1+\varphi^2 C_2+---\right)$$

$$-D_0 e^a\frac{\partial}{\partial x}\left(\frac{\partial}{\partial x}\left(C_0+\varphi C_1+\varphi^2 C_2+---\right)\right)$$

$$-D_0 e^a\frac{\partial}{\partial x}\left(\varphi x+\frac{\partial}{\partial x}\left(C_0+\varphi C_1+\varphi^2 C_2+---\right)\right)=0$$

Dla zamówienia (φ0)

$$\frac{R\partial C_0}{\partial t}+\frac{U\partial C_0}{\partial x}-D_0 e^a\frac{\partial^2 C_0}{\partial x^2}=0$$

(3.94)

Dla zamówienia (φ1)

$$\frac{R\partial}{\partial t}\left(C_0+\varphi C_1\right)+\frac{U\partial}{\partial x}\left(C_0+\varphi C_1\right)-D_0 e^a\frac{a\partial}{\partial x}\left(\frac{\partial}{\partial x}\left(C_0+\varphi C_1\right)\right)$$

$$-D_0 e^a\frac{a\partial}{\partial x}\left(\varphi x\frac{\partial}{\partial x}\left(C_0\right)\right)=0$$

$$\frac{R\partial C_0}{\partial t}+\frac{U\partial C_0}{\partial x}-D_0 e^a\frac{\partial}{\partial x}\left(\frac{\partial C_0}{\partial x}\right)+$$

$$\frac{R\partial}{\partial t}\varphi\, C_1+U\frac{\partial}{\partial x}\varphi C_1-D_0 e^a\frac{\partial}{\partial x}\left(\frac{\partial\varphi C_1}{\partial x}\right)-D_0 e^a\frac{\partial}{\partial x}\left(\varphi x\frac{\partial C_0}{\partial x}\right)=0$$

$$\frac{R\partial C_0}{\partial t}+\frac{\partial C_0}{\partial x}-D_0 e^a\frac{\partial^2 C_0}{\partial x^2}+$$

$$\varphi\left[\frac{R\partial C_1}{\partial t}+U\frac{\partial C_1}{\partial x}-D_0 e^a\frac{\partial^2 C_1}{\partial x^2}-D_0 e^a\frac{\partial}{\partial x}\left(x\frac{\partial C_0}{\partial x}\right)\right]=0$$

(3.95)

$$\frac{R\partial C_1}{\partial t}+U\frac{\partial C_1}{\partial x}-D_0 e^a\frac{\partial^2 C_1}{\partial x^2}-D_0 e^a\frac{\partial}{\partial x}\left(x\frac{\partial C_0}{\partial x}\right)=0$$

(3.96)

podobnie rozwiązując równania (3.94) i (3.96) przy użyciu, odpowiednio, rozdzielenia techniki zmiennej i transformaty laplace'owej, rozwiązanie otrzymuje się przez

$$C_0(x,t) = e^{\frac{Fx}{2G} - \lambda^2 t}\left(\cosh kx - \coth k \sinh kx\right)$$
(3.97)

Stosując metodę sumowania pozostałości,

$$C_1(x,t) = -\frac{GA_4 e^{\frac{Fx}{2G}}}{\lambda^2}\left[\frac{e^{-\lambda^2 t}\sinh x\xi}{2\sinh\xi} - \frac{e^{-\lambda^2 t}\sinh x\eta}{2\sinh\eta}\right]$$

$$+\frac{Ge^{\frac{Fx}{2G}}}{e^{\lambda_1^2 t}}\left[2\pi\sum_{p=0\alpha^2}^{\infty}\frac{pe^{-p^2\pi^2 t/\alpha^2}}{(S_p+\lambda^2)(S_p-\lambda^2)}\sin p\pi x\right](A_4 - B_4)$$

$$-\frac{G^2 A_5 e^{\frac{Fx}{2G}}}{2\lambda^2}\left[te^{\lambda^2 t}\frac{\sinh x\xi}{\sinh\xi} - \frac{e^{\lambda^2 t}\sinh x\xi}{2\lambda^2\sinh\xi} + \frac{e^{-\lambda^2 t}\sinh x\eta}{2\lambda^2\sinh\eta}\right]$$

$$+\frac{G^2 e^{\frac{Fx}{2G}}}{e^{\lambda_1^2 t}}\left[2\pi\sum_{p=0\alpha^2}^{\infty}\frac{pe^{-p^2\pi^2 t/\alpha^2}}{(S_p+\lambda^2)(S_p-\lambda^2)}\sin p\pi x\right](A_5 - B_5)$$

$$-\frac{G^2 B_5}{2\lambda^2}e^{\frac{Fx}{2G}}\left[\left(te^{\lambda^2 t} - \frac{e^{\lambda^2 t}}{2\lambda^2}\right)\frac{\sinh(1-x)\xi}{\sinh\xi} + e^{-\lambda^2 t}\frac{\sinh(1-x)\eta}{2\lambda^2\sinh\eta}\right]$$

$$+\left[\frac{GA_2 m_1^2 e^{m_1 x}}{\lambda^2} + \frac{GB_2 m_2^2 e^{m_2 x}}{\lambda^2}\right]x\sinh\lambda^2 t$$

$$-KG\left[\frac{GA_2 m_1^2 e^{m_1 x}}{\lambda^2} - \frac{GB_2 m_2^2 e^{m_2 x}}{\lambda^2}\right]\left(te^{\lambda^2 t} - \frac{\sinh\lambda^2 t}{\lambda^2}\right)$$

$$+\frac{G}{\lambda^2}\left(B_2 m_2 e^{m_2 x} + A_2 m_1 e^{m_1 x}\right)\sinh\lambda^2 t$$
(3.98)

gdzie

$$\lambda^2 = \frac{U^2}{4D}$$

$$\xi = \frac{\sqrt{F^2 + 4G\lambda^2}}{2G}$$

$$\eta = \frac{\sqrt{F^2 - 4G\lambda^2}}{2G}$$

$$\alpha^2 = \frac{1}{G}$$

$$S_n = \frac{-p^{2\pi^2}}{\alpha^2} - \lambda_1^2$$

$$\lambda_1^2 = \frac{F^2}{4D}$$

$$F = \frac{U}{R}$$

$$G = \frac{D_0 e^a}{R}$$

$$B_1 = -\coth K$$

$$A_1 = 1$$

$$C_2 = 1$$

$$A_2 = \frac{A_1 - B_1}{2}$$

$$B_2 = \frac{A_1 + B_1}{2}$$

$$m_1 = \frac{F}{2G} + K$$

$$m_2 = \frac{F}{2G} - K$$

$$\mu = \frac{\sqrt{F^2 + 4GS}}{2G}$$

$$K = \frac{\sqrt{F^2 + 4G\lambda^2}}{2G}$$

$$\eta = \mu \quad at \qquad S = -\lambda^2$$

$$\xi = \mu \quad at \qquad S = \lambda^2$$

$$A_4 = e^{-\frac{F}{2G}}\left(A_2 m_1^2 e^{m_1} + B_2 m_2^2 e^{m_2}\right) + e^{-\frac{F}{2G}}\left(B_2 m_2 e^{m_2} + A_2 m_1 e^{m_1}\right)$$

$$A_5 = -2Ke^{-\frac{F}{2G}}\left(A_2 m_1^2 e^{m_1} - B_2 m_2^2 e^{m_2}\right)$$

$$B_4 = B_2 m_2 + A_2 m_1$$

$$B_5 = -2K(A_2 m_1^2 - B_2 m_2^2)$$

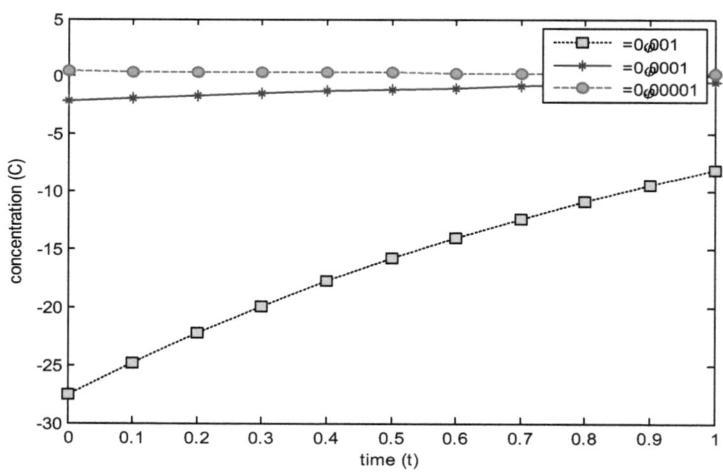

Rysunek 9: Wpływ parametru perturbacji (φ) na zmianę stężenia w czasie przy

$x = 0.5$, $D_0 = 1$, $n = 1$, $\varepsilon = 0.1$, $A_1 = 1$, $U = 1$, $a = 1$

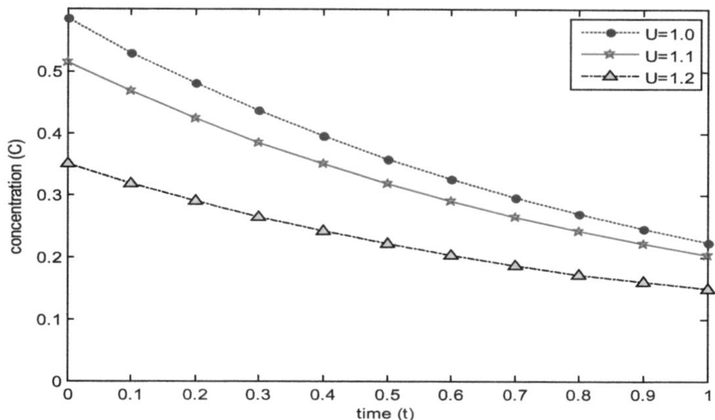

Rysunek 10: Wpływ prędkości przepływu (U) na zmianę stężenia w czasie przy

$x = 0.5,\ D_0 = 1,\ n = 1,\ \varphi = 0.1,\ A_1 = 1,\ \varepsilon = 0.1,\ a = 1$

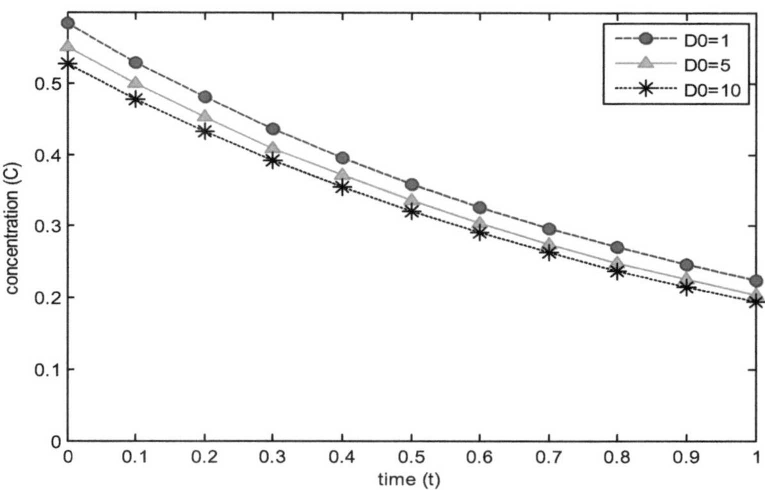

Rysunek 11: Wpływ dyspersji hydrodynamicznej (D0) na zmiany stężenia w czasie przy

$x = 0.5,\ U = 1,\ n = 1,\ \varphi = 0.1,\ A_1 = 1,\ \varepsilon = 0.1,\ a = 1$

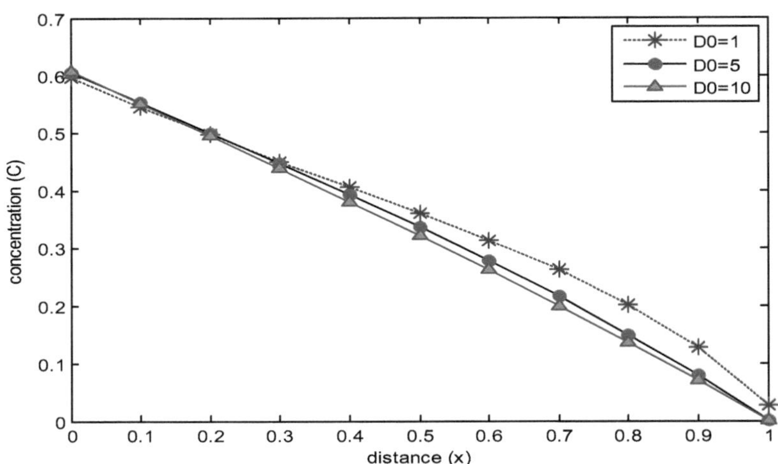

Rysunek 12: Wpływ dyspersji hydrodynamicznej (D0) na zmiany stężenia w zależności od odległości przy

$t = 0.5, U = 1, n = 1, \varphi = 0.1, A_1 = 1, \varepsilon = 0.1, a = 1$

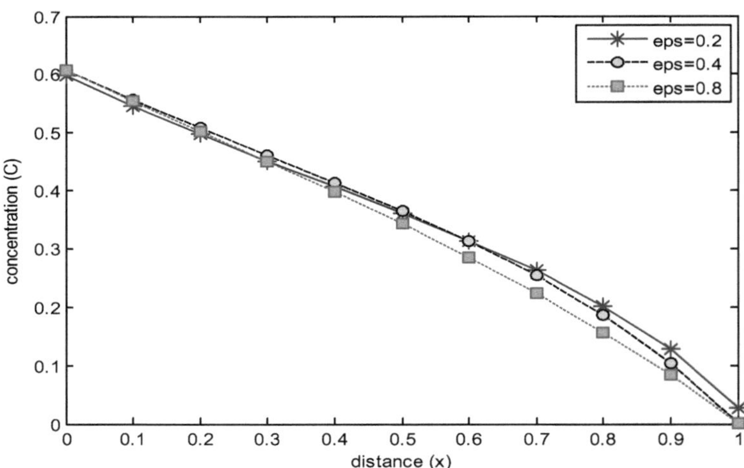

Rysunek 13: Wpływ opóźnienia (ε) na zmianę stężenia w zależności od odległości przy

$t = 0.5, U = 1, n = 1, \varphi = 0.1, A_1 = 1, D_0 = 0.1, a = 1$

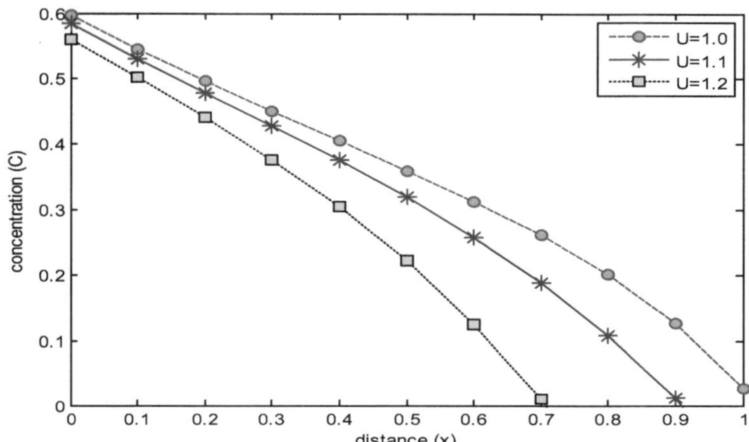

Rysunek 14: Wpływ prędkości przepływu (U) na zmianę stężenia w zależności od odległości przy

$t = 0.5,\ \varepsilon = 0.1,\ n = 1,\ \varphi = 0.1,\ A_1 = 1,\ D_0 = 0.1,\ a = 1$

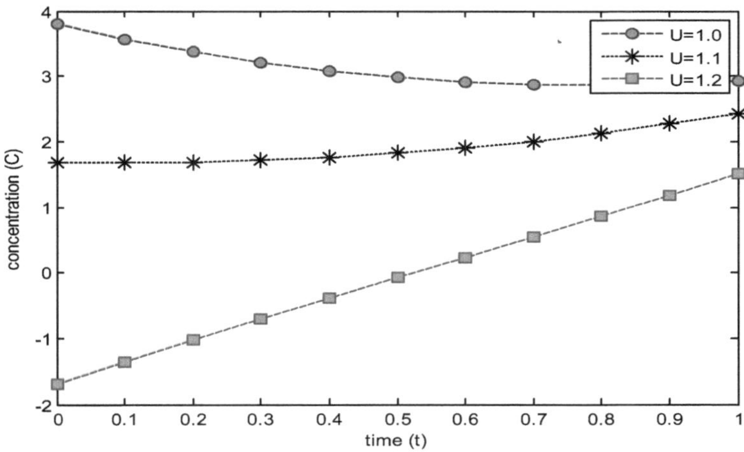

Rysunek 15: Wpływ prędkości przepływu (U) na zmiany stężenia w czasie przy

$x = 0.5,\ \varepsilon = 0.1,\ n = 1,\ \varphi = 0.1,\ A_1 = 1,\ D_0 = 0.1,\ a = 1$

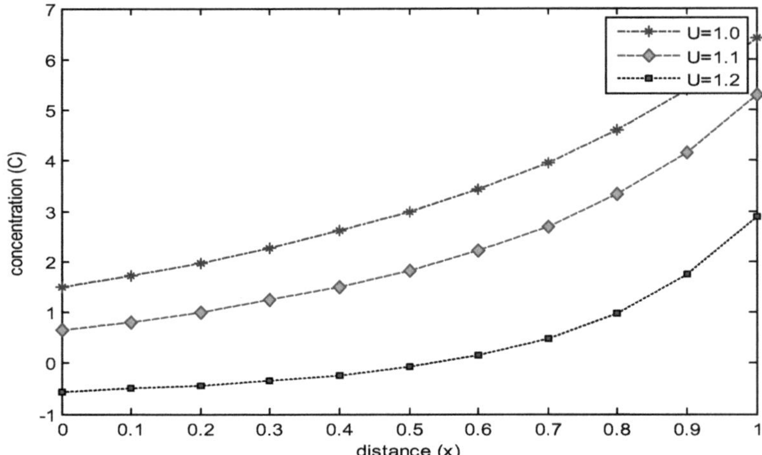

Rysunek 16: Wpływ prędkości przepływu (U) na zmianę stężenia w zależności od odległości przy

$t = 0.5$, $D_0 = 1$, $a = 1$, $\varphi = 0.1$, $A_1 = 1$, $n = 1$, $\varepsilon = 0$.

C) ROZWIĄZANIE NUMERYCZNE

W rozdziale tym potraktowano numeryczny roztwór równania (3.68) i ustalono, że otrzymane w ten sposób profile przepływu są podobne do tych z analizowanego przypadku przez porównanie.

Rozważmy równanie zanieczyszczenia

$$\frac{\partial C}{\partial t} + \frac{U\partial C}{\partial x} + \frac{\varepsilon\partial C}{\partial t} - \frac{\partial}{\partial x}\left[\frac{D\partial C}{\partial x}\right] = 0$$

$$\frac{\partial C}{\partial t} + \frac{U\partial C}{\partial x} + \frac{\varepsilon\partial C}{\partial t} - \frac{\partial D}{\partial x} \bullet \frac{\partial C}{\partial x} + \frac{D\partial^2 C}{\partial x^2} = 0$$
(3.99)

Z fizyczną granicą i warunkami początkowymi $C(0,t)=1$, $C(1,t)=0$ oraz $C(x,0)=1$

Gdzie $D(x) = D_0 (a + bx)^n$ jest algebraiczna funkcja x a, b, D0 i n są stałymi.

$$\frac{D(x)}{\partial x} = \frac{bnD(x)}{(a+bx)} = wD(x) , \qquad where\ w = \frac{bn}{(a+bx)}$$

Dla metody Crank - Nicolson implicit, zastępujemy za pomocą $\frac{\partial^2 C}{\partial X^2}$ jej reprezentacji różnic skończonych w $(j+1)$ j^{th} wierszach i czasie i przybliżamy równanie przez

$$(1-\varepsilon)\frac{C_{i,j+1} - C_{i,j}}{K} + \left(U - wD_{(x)}\right)\frac{[C_{i+1,j} - C_{i-1,j} + C_{i+1,j+1} - C_{i-1,j+1}]}{4h}$$

$$= \frac{D}{2h^2}\left(C_{i+1,j+1} - 2C_{i,j+1} + C_{i-1,j+1}\right) + \frac{D}{2h^2}\left(C_{i+1,j} - 2C_{i,j} + C_{i-1,j}\right)$$

Równanie staje się

$$P_1 C_{i-1,J+1} - Q_1 C_{i,J+1} + R_1 C_{i-1,J+1} = -P_1 C_{i-1,J} + S_1 C_{i,J} - R_1 C_{i+1,J}$$

Gdzie:

$$P_1 = 2rD - rhu + rhwD$$

$$R_1 = 2rD + rhu - rhwD$$

$$Q_1 = 4rD + 4(1+\varepsilon)$$

$$S_1 = 4rD - 4(1+\varepsilon)$$

$$r = \frac{k}{h^2}, \ rh = \frac{k}{h}$$

(3.100)

PORÓWNANIE ROZTWORU ANALITYCZNEGO I NUMERYCZNEGO

Rozwiązania analityczne i numeryczne są porównywane za pomocą wykresów. Dane liczbowe pokazują, że obie metody rozwiązań są w przybliżeniu takie same. Patrz rys. 17a i 17b.

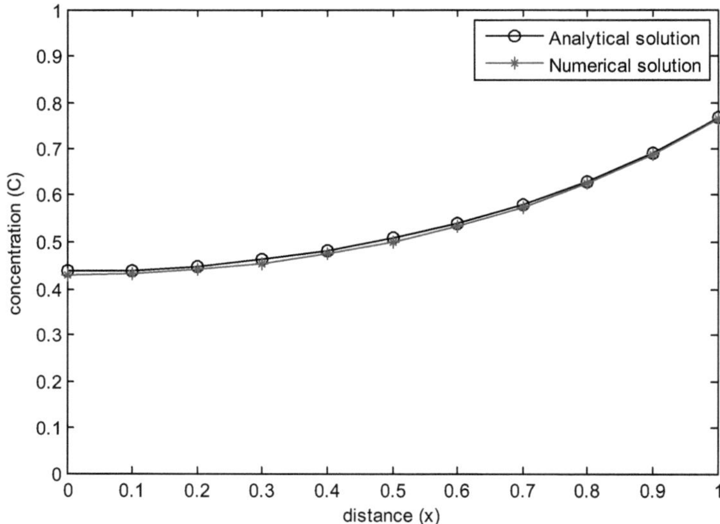

Rysunek 17(a): Wykres analitycznych i numerycznych rozwiązań równań (3.68) i (3.99)

$t = 0.5$, $D_0 = 1$, $a = 1$, $\varphi = 0.1$, $A_1 = 1$, $n = 1$, $\varepsilon = 0.1$

Odległość (x)	Rozwiązanie analityczne	Rozwiązanie numeryczne
0.0000	0.4381	0.4300
0.1000	0.4399	0.4319
0.2000	0.4481	0.4481
0.3000	0.4623	0.4623
0.4000	0.4823	0.4823
0.5000	0.5083	0.5083
0.6000	0.5407	0.5407
0.7000	0.5807	0.5807
0.8000	0.6299	0.6299
0.9000	0.6910	0.6910
1.0000	0.7675	0.7675

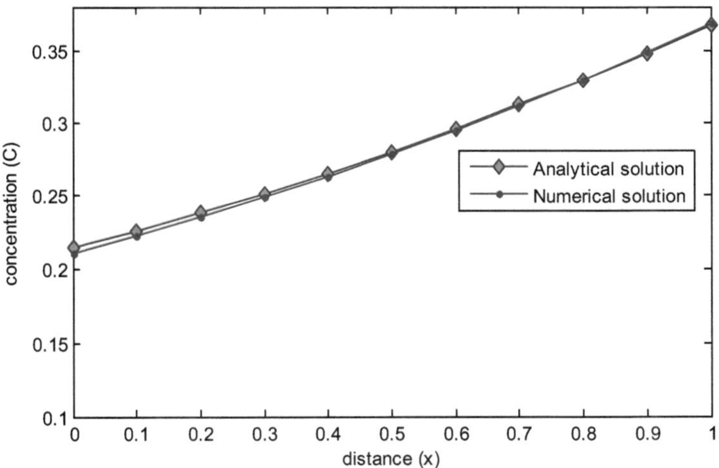

Rysunek 17(b): Wykres analitycznych i numerycznych rozwiązań równań (3.68) i (3.99)

$t = 0.5$, $D_0 = 0.5$, $a = 1$, $\varphi = 0.1$, $A_1 = 1$, $n = 1$, $\varepsilon = 0.01$

Odległość (x)	Rozwiązanie analityczne	Rozwiązanie numeryczne
0.0000	0.2145	0.2112
0.1000	0.2262	0.2232
0.2000	0.2386	0.2359
0.3000	0.2516	0.2493
0.4000	0.2655	0.2636
0.5000	0.2802	0.2787
0.6000	0.2957	0.2947
0.7000	0.3121	0.3117
0.8000	0.3295	0.3297
0.9000	0.3478	0.3487
1.0000	0.3672	0.3688

3.7 **Analityczne rozwiązanie przypadku II:** Przybliżone analityczne rozwiązanie przy użyciu Asymptotycznej Metody Szeregowej Ekspansji Asymptotycznej

Wykładnicza zmienna dyspersja hydrodynamiczna w funkcji stężenia

Sprawa IIa: Kiedy D jest zmienne, U jest stałe i $\varepsilon = 0$ (bez opóźnienia).

Uwzględnić przejściowy, jednowymiarowy, adwekcyjno-dyspersyjny transport zanieczyszczeń w środowisku porowatym z ciągłego źródła o nieliniowej reakcji chemicznej.

$$\frac{\partial C}{\partial t}+\frac{U\partial C}{\partial x}=\frac{\partial}{\partial x}\left(D\frac{\partial C}{\partial x}\right)-kC^{n} \tag{3.101}$$

jeśli D zmienia się wykładniczo wraz z koncentracją, możemy napisać

$$\frac{\partial C}{\partial t}+\frac{U\partial C}{\partial x}=\frac{\partial}{\partial x}\left(e^{a^{C}}\frac{\partial C}{\partial x}\right)-kC^{n}$$

Zakładamy, że początkowo domena nie jest wolna od rozwiązywania. Zakładamy również, że jest to funkcja wykładnicza zmiennej kosmicznej. Stężenie wejściowe o charakterze okresowym przyjmujemy na x = 0 i x = 1 domeny. Przy tych założeniach warunki początkowe i brzegowe mogą być zapisane jako:

$C(0,t) = kC_3 \cos\omega_1 t$, $C(1,t) = kC_2 \cos\omega_2 t$, $C(x,o) = kC_3 e^{ax}$

$C = C_0 + kC_1$, $k <<< 1$

$$e^{\alpha C} = 1 + \alpha C + \frac{\alpha^2 C^2}{2!} + ---$$

$$e^{\alpha C} = 1 + \alpha(C_0 + kC_1) + \alpha^2 \frac{(C_0 + kC_1)^2}{2!} + ---$$

$$= 1 + \alpha C_0 + \alpha k C_1 + \frac{\alpha^2}{2!}\left(C_0^2 + 2kC_0 C_1 + k^2 C_1^2\right) + ---$$

$$e^{\partial C} \frac{\partial C}{\partial x} = \left(1 + \alpha C_0 + \alpha k C_1 + ---\right)\left[\frac{\partial C_0}{\partial x} + k\frac{\partial C_1}{\partial x}\right]$$

(3.102)

Z równania (3.101) i (3.102)

$$\frac{\partial}{\partial t}(C_0 + kC_1) + U\frac{\partial}{\partial x}(C_0 + kC_1)$$

$$= \frac{\partial}{\partial x}\left(\frac{\partial C_0}{\partial x} + \frac{k\partial C_1}{\partial x} + \alpha C_0 \frac{\partial C_0}{\partial x} + \alpha k C_0 \frac{\partial C_1}{\partial x} + \frac{akC_1 \partial C_0}{\partial x} + ---\right) - kC^n$$

$$= \frac{\partial^2 C_0}{\partial x^2} + k\frac{\partial^2 C_1}{\partial x^2} + \alpha\left(\frac{\partial C_0}{\partial x}\right)^2 + \alpha C_0 \frac{\partial^2 C_0}{\partial x^2}$$

(3.103)

$$+ \alpha k C_0 \frac{\partial^2 C_0}{\partial x^2} + \alpha k \frac{\partial C_0}{\partial x} \cdot \frac{\partial C_1}{\partial x} + \alpha k C_1 \frac{\partial^2 C_0}{\partial x^2} + \alpha k \frac{\partial C_1}{\partial x} \cdot \left(\frac{\partial C_0}{\partial x}\right)$$

$$- k\left(C_0^n + nkC_0^{n-1} C_1 + k^2 \frac{n(n-1)}{2!} C_0^{n-2} C_1^2 + ---\right)$$

współczynniki korygujące rzędu k

wzór zamówienia k0

$$\frac{\partial C_0}{\partial t}+\frac{U\partial C_0}{\partial x}=\frac{\partial^2 C_0}{\partial x^2}+\alpha\left(\frac{\partial C_0}{\partial x}\right)^2+\alpha C_0\frac{\partial^2 C_0}{\partial x^2}$$
(3.104)

$C_0(0,t)=0,\ C_0(1,t)=0,\ C_0(x,0)=0$

wzór zamówienia k1

$$\frac{\partial C_1}{\partial t}+\frac{U\partial C_1}{\partial x}=\frac{\partial^2 C_1}{\partial x^2}-C_0^n+\alpha C_1\frac{\partial^2 C_0}{\partial x^2}+\alpha C_0\frac{\partial^2 C_1}{\partial x^2}+2\alpha\frac{\partial C_0}{\partial x}\cdot\frac{\partial C_1}{\partial x}$$
(3.105)

$C_0(0,t)=C_3\cos\omega_1 t,\ C_1(1,t)=C_2\cos\omega_2 t,\ C_1(x,0)=C_3e^{ax}$

Rozwiązywanie równań (3.104) i (3.105), gdzie stężenie początkowe jest stałe.

Równania (3.104) i (3.105) stają się

$$\frac{\partial C_1}{\partial t}+\frac{U\partial C_1}{\partial x}-\frac{\xi\partial^2 C_1}{\partial x^2}=-C_0$$
(3.106)

$where\quad \xi=1+\alpha C_0$

Z warunkami początkowymi i granicznymi

$C_1(0,t)=C_3\cos\omega_1 t,\ C_1(1,t)=C_2\cos\omega_2 t,\ C_1(x,0)=C_3e^{ax}$
(3.107)

wziąć Laplace transformację równania (3.106) w odniesieniu do t

$$\left(-C_1(0)+S\overline{C_1}\right)+UD_1\overline{C_1}-\xi D_1^2\overline{C_1}=-\frac{C_0}{S}$$

Korzystanie z warunków początkowych

$C(x,0)=C_3e^{ax}$

$$\xi D_1^2\overline{C}_1 - UD_1\overline{C}_1 - SC_1 = -C_3 e^{ax} - \frac{C_0}{S}$$

(3.108)

Uzupełniająca funkcja występuje w następujący sposób

$$\xi D_1^2 - UD_1 - S = 0$$

$$D_1 = \frac{U}{2\xi} \pm \frac{\sqrt{U^2 + 4\xi S}}{2\xi} = \frac{U}{2\xi} \pm k$$

Funkcja uzupełniająca polega na

$$\overline{C}^C = e^{\frac{u}{2\xi}x}\left(A\cosh kx + B\sinh kx\right)$$

(3.109)

Metoda operatora D jest stosowana w celu znalezienia konkretnej całki w następujący sposób

Z równania (3.108)

$$\xi D_1^2\overline{C}_1 - UD_1\overline{C}_1 - SC_1 = -C_3 e^{ax} - \frac{C_0}{S}$$

$$\overline{C}^P = \frac{-C_3 e^{ax}}{\xi D_1^2 - UD_1 - S} - \frac{C_0}{(\xi D_1^2 - UD_1 - S)S}$$

(3.110)

$$= \frac{-C_3 e^{ax}}{\xi a^2 - Ua - S} + \frac{C_0}{S^2}$$

Rozwiązaniem jest

$$\overline{C} = \overline{C}^P + \overline{C}^C$$

$$\overline{C} = e^{\frac{u}{2\xi}x}\left(A\cosh kx + B\sinh kx\right) - \frac{C_3 e^{ax}}{\xi a^2 - Ua - S} + \frac{C_0}{S^2}$$

(3.111)

Wykorzystując warunki brzegowe do określenia A i B

$$\overline{C}(0,s) = \frac{C_3 S}{S^2 + \omega_1^2}$$

$$A = \frac{C_3}{\xi a^2 - Ua - S} + \frac{C_3 S C_0}{S^2 + \omega_1^2} - \frac{C_0}{S^2}$$

$$\overline{C_1}(1,s) = \frac{C_2 S}{S^2 + \omega_2^2}$$

$$B = -A\coth k + \frac{C_3 e^a}{(\xi a^a - Ua - S)e^{\frac{U}{2}}\sinh k} + \frac{C_2 S}{(S^2 + \omega_2^2)e^{\frac{U}{2}}\sinh k}$$

$$-\frac{C_0}{S^2 e^{\frac{U}{2\xi}}\sinh k}$$

Zastępcy A i B w (3.111), mamy

$$\overline{C_1} = \frac{C_3}{\xi a^2 - Ua - S} e^{\frac{u}{2\xi}x}\left(\cosh kx - \coth k \sinh kx\right)$$

$$+\frac{C_3 S}{S^2 + \omega_1^2} e^{\frac{u}{2\xi}x}\left(\cosh kx - \coth k \sinh kx\right) - \frac{C_0}{S^2} e^{\frac{u}{2\xi}}\left(\cosh kx - \coth k \sinh kx\right)$$

$$+\frac{e^{\frac{u}{2\xi}x} C_3 e^a \sinh kx}{e^{\frac{u}{2\xi}}\sinh k\left(\xi a^2 - Ua - S\right)} - \frac{C_3 e^{ax}}{\xi a^2 - Ua - S} + \frac{C_0}{S^2} + \frac{C_2 S e^{\frac{u}{2\xi}x}\sinh kx}{\left(S^2 + \omega_2^2\right)e^{\frac{u}{2\xi}}\sinh k}$$

$$-\frac{C_0 e^{\frac{u}{2\xi}x}\sinh kx}{S^2 e^{\frac{u}{2\xi}}\sinh k}$$

(3.112)

$$\overline{C_1} = \frac{C_3}{(\xi a^2 - Ua - S)} e^{\frac{u}{2\xi}x} \frac{\sin(1-x)k}{\sinh k} + \frac{C_3 S}{S^2 + \omega_1^2} e^{\frac{u}{2\xi}x} \frac{\sinh(1-x)k}{\sinh k}$$

$$-\frac{C_0}{S^2} e^{\frac{U}{2\xi}} \frac{\sin(1-x)k}{\sinh k} + \frac{e^{\frac{u}{2\xi}x} C_3 e^a \sinh kx}{e^{\frac{u}{2\xi}} \sinh k\left(\xi a^2 - Ua - S\right)} - \frac{C_3 e^{ax}}{\xi a^2 - Ua - S} + \frac{C_0}{S^2}$$

$$+\frac{C_2 S e^{\frac{u}{2\xi}x} \sinh kx}{\left(S^2 + \omega_2^2\right) e^{\frac{u}{2\xi}} \sinh k} - \frac{C_0 e^{\frac{u}{2\xi}x} \sinh kx}{S^2 e^{\frac{u}{2\xi}} \sinh k}$$

(3.113)

Używając odwrotnej formuły dla transformacji Laplace'a, mamy

$$C = L^{-1}\overline{C}$$

$$= C_3 e^{\left(\xi a^2 - Ua\right)t} e^{\frac{u}{2\xi}x} \frac{\sinh(1-x)\eta}{\sinh \eta}$$

$$-2\pi C_3 e^{\frac{u}{2\xi}x - \lambda_1^2 t} \sum_{n=0}^{\infty} n \cdot e^{\frac{-n^2\pi^2 t}{\alpha_1^2}} \frac{\sin n\pi x}{\alpha_1^2(\xi a^2 - Ua - S_n)}$$

(3.114)

$$-C_0 t e^{\frac{U}{2\xi}} \frac{\sinh(1-x)\dfrac{U}{2\xi}}{\sinh \dfrac{U}{2\xi}}$$

$$-2\pi C_0 e^{\frac{u}{2\xi}x} e^{-\lambda_1^2 t} \sum_{n=0}^{\infty} n \cdot e^{\frac{-n^2\pi^2 t}{\alpha_1^2}} \frac{\sin n\pi x}{\alpha_1^2 S_n^2}$$

$$+\frac{C_3}{2}e^{i\omega_1^t}e^{\frac{Ux}{2\xi}}\frac{\sinh(1-x)\mu_1}{\sinh\mu_1}+\frac{C_3}{2}e^{-i\omega_1^t}e^{\frac{Ux}{2\xi}}\frac{\sinh(1-x)\mu_2}{\sinh\mu_2}$$

$$+2\pi C_3 e^{\frac{u}{2\xi}x-\lambda_1^2 t}\sum_{n=0}^{\infty}nS_n\cdot e^{\frac{-n^2\pi^2 t}{\alpha_1^2}}\frac{\sin n\pi x}{\alpha_1^2(S_n^2-\omega_1^2)}$$

$$+\frac{e^{\frac{U}{2\xi}x}C_3e^a e^{(\xi a^2-Ua)t}\sinh x\eta}{e^{\frac{U}{2\xi}}\sin\eta}$$

$$-2\pi\frac{C_3e^a e^{\frac{U}{2\xi}x-\lambda_1^2 t}}{e^{\frac{U}{2\xi}}}\sum_{n=0}^{\infty}n\cdot e^{\frac{-n^2\pi^2 t}{\alpha_1^2}}\frac{\sin n\pi x}{\alpha_1^2(\xi a^2-Ua-S_n)}$$

$$-C_3e^a e^{(\xi a^2-Ua)t}$$

$$+\frac{C_2e^{i\omega_2 t}e^{\frac{U}{2\xi}x}\sinh\mu_3 x}{2e^{\frac{U}{2\xi}}\sinh\mu_3}+\frac{C_2e^{-i\omega_2 t}e^{\frac{U}{2\xi}x}\sinh\mu_4 x}{2e^{\frac{U}{2\xi}}\sinh\mu_4}$$

$$-2\pi\frac{C_2e^{\frac{U}{2\xi}x-\lambda_1^2 t}}{e^{\frac{U}{2\xi}}}\sum_{n=0}^{\infty}nS_n\cdot e^{\frac{-n^2\pi^2 t}{\alpha_1^2}}\frac{\sin n\pi x}{\alpha_1^2(S_n^2+\omega_2^2)}+C_0 t$$

$$\frac{-C_0te^{\frac{U}{2\xi}x}\sinh(1-x)\frac{U}{2\xi}x}{e^{\frac{U}{2\xi}}\sinh\frac{U}{2\xi}}$$

$$+\frac{2\pi C_0e^{\frac{U}{2\xi}x}e^{-\lambda_1^2 t}}{e^{\frac{U}{2\xi}}}\sum_{n=0}^{\infty}n\cdot\frac{e^{\frac{-n^2\pi^2 t}{\alpha_1^2}}\sin n\pi x}{\alpha_1^2S_n^2}$$

Gdzie

$$\alpha_1^2 = \frac{1}{\xi}$$

$$\lambda_1^2 = \frac{U^2}{4\xi}$$

$$S_n = \frac{-n^2\pi^2}{\alpha_1^2} - \lambda_1^2$$

$$k = \frac{\sqrt{U^2 + 4DS}}{2\xi}$$

$\eta = k \quad at \qquad S = \xi a^2 - Ua$

$\mu_1 = k \quad at \qquad S = i\omega_1$

$\mu_2 = k \quad at \qquad S = -i\omega_1$

$\mu_3 = k \quad at \qquad S = i\omega_2$

$\mu_4 = k \quad at \qquad S = -i\omega_2$

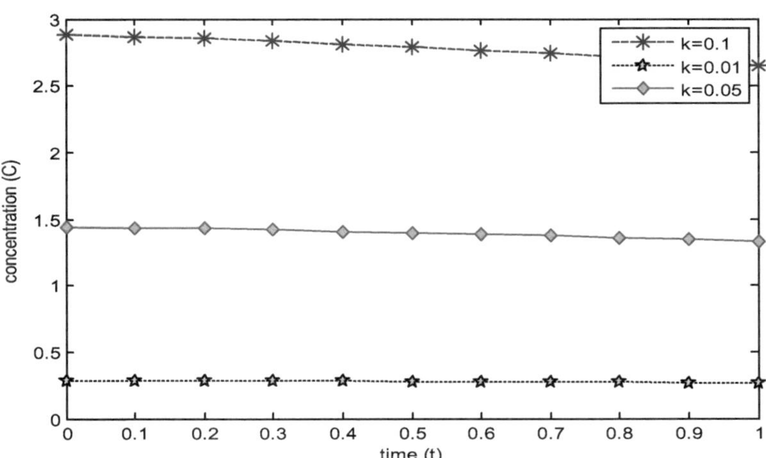

Rysunek 18: Wpływ współczynnika reakcji chemicznej (k) na zmiany stężenia w czasie przy x = 0. 5

$C_0 = 1\ ,C_2 = 1,\ C_3 = 1,\ \omega_1 = \frac{\pi}{2},\ \omega_2 = \frac{\pi}{2},\ x = 0.5,\ \xi = 1,\ a = 1\ ,\ U = 1$

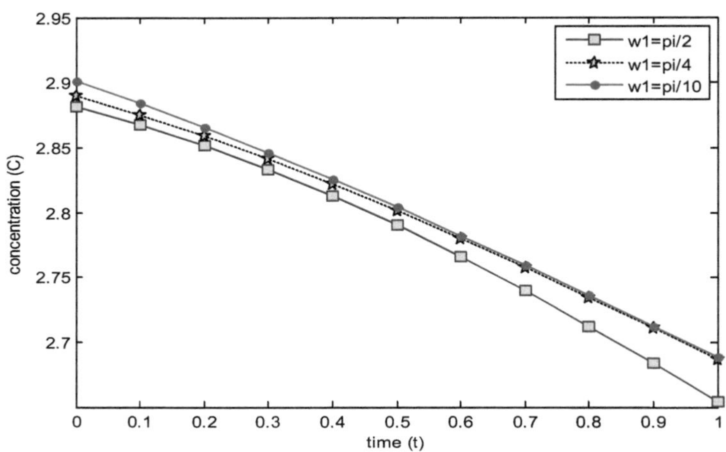

Rysunek 19 Wpływ częstotliwości obrotu (ω1) na zmianę stężenia w czasie przy x = 0.5

$C_0 = 1\ ,C_2 = 1,\ C_3 = 1,\ k = 0.1,\ \omega_2 = \frac{\pi}{2},\ x = 0.5,\ \xi = 1,\ a = 1\ ,\ U = 1$

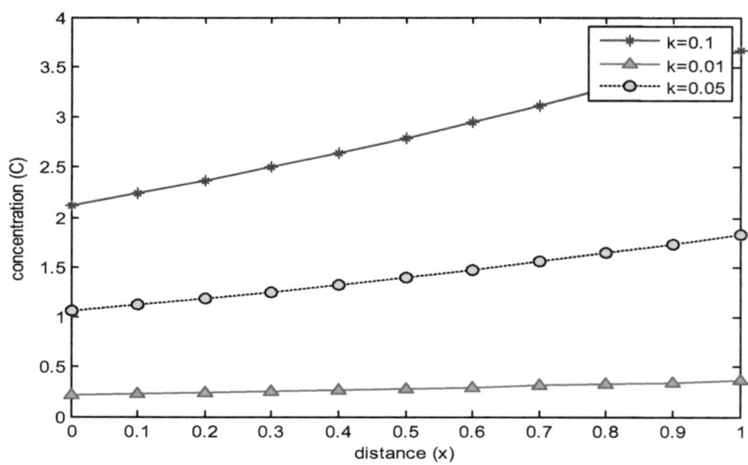

Rysunek 20: Wpływ współczynnika reakcji chemicznej (k) na zmianę stężenia w zależności od odległości przy t = 0.5

$C_0 = 1$, $C_2 = 1$, $C_3 = 1$, $\omega_1 = \dfrac{\pi}{2}$, $\omega_2 = \dfrac{\pi}{2}$, $x = 0.5$, $\xi = 1$, $a = 1$, $U = 1$

ROZDZIAŁ IV
WYNIKI I DYSKUSJA

4.1 WYNIKI

Prace przeprowadzone w ramach tego projektu ujawniły następujące rezultaty.

(i) Wykresy są wykreślone w celu zbadania wpływu parametrów a (stała bezwymiarowa), b (wymiar jest odwrotnie proporcjonalny do zmiennej kosmicznej), D0 (początkowa dyspersja hydrodynamiczna), U (prędkość przepływu) oraz n (bezwymiarowa stała) na koncentracji. Wykresy na rysunkach 2, 6, 8, 10, 14, 15 i 16 pokazują spadek stężenia zanieczyszczeń wraz ze wzrostem wartości prędkości przepływu U. Wykresy na rysunkach 2, 6, 8, 10, 14, 15 i 16 pokazują również spadek stężenia zanieczyszczeń wraz z oddalaniem się od źródła emisji. Zgadza się to z obserwacjami fizycznymi. Wykresy na rysunkach 1, 4, 5, 11, 12 wskazują na spadek stężenia wraz ze wzrostem wartości parametrów.a, b, Do i n.

(ii) Rysunki 3 i 13 wskazują, że wraz ze wzrostem opóźnienia, stężenie spada.

Opóźnienie powoduje, że ruch zanieczyszczeń odchyla się od średniej prędkości. Współczynnik retardacyjny zmienia średnią globalną prędkość zanieczyszczenia tak, że może być znacznie wolniejszy niż prędkość wód gruntowych.

(iii) Wykresy są wykreślone w celu zbadania wpływu k (współczynnik szybkości reakcji chemicznej) na stężenie. Na wykresach z rysunków 18 i 20 widać, że stężenie jest wprost proporcjonalne do k. Dlatego też stężenie jest wprost proporcjonalne do szybkości reakcji. Wykres można wykorzystać do przewidywania rodzaju zmiany chemicznej, która zmienia stężenie podczas transportu.

4. 2DISCUSJA

(a) W ramach projektu przeprowadzono kompletny i wnikliwy przegląd adwekcyjnego równania dyspersyjnego przy użyciu metody superpozycji oraz zademonstrowano techniki rozwiązania wynikowego częściowego równania różniczkowego. Wyprowadzenie adwekcyjnego równania dyspersyjnego opiera się na zasadzie superpozycji, tak aby adwekcja i dyfuzja mogły być dodane razem, jeśli są liniowo niezależne. Chociaż adwekcja i dyspersja są procesem równoczesnym, to jednak mają różny wpływ na transport zanieczyszczeń. Model jest wyprowadzony dla jednowymiarowego, półskończonego ośrodka porowatego o stałym lub okresowym wlotowym stanie granicznym, przy założeniu, że sorpcja jest regulowana przez izotermę równowagi liniowej.

b) Zbadano istnienie i unikalność rozwiązania dla modelu zanieczyszczenia środowiska oraz uzyskano kryteria dla istnienia i unikalności rozwiązania. Ustalono, że istnieje jedno i jedyne rozwiązanie dla modelu zanieczyszczenia środowiska.

(c)Na podstawie niniejszych badań opracowano dwa modele analityczne dla jednowymiarowego transportu solutu w domenie półskończonej o stężeniach zależnych od odległości i wykładniczych - dyspersyjności zależnych od odległości. Poziom stężenia zanieczyszczeń jest przewidywany dla wód gruntowych. Przewidziano ogólne rozwiązanie analityczne dla jednowymiarowego równania dyspersji adwekcyjnej z zależnymi od odległości współczynnikami dyspersji. Roztwory te mogą być stosowane do uzyskania poszczególnych roztworów dla kilku przestrzennie zależnych funkcji dyspersyjno-wskaźnikowych, a także dla różnych warunków początkowych i granicznych. W szczególnych przypadkach uzyskano rozwiązania analityczne dla algebraicznej i wykładniczej funkcji dyspersji odległościowej. Przedstawione w projekcie rozwiązania analityczne są wzorcowymi rozwiązaniami dla problemów dyspersyjności zależnej od skali dla analizy transportu zanieczyszczeń w jednym wymiarze. Rozwiązania te mogą być wykorzystywane do analizy problemów, w przypadku których istnieje obawa, że problemy te są zależne od skali. W ten sposób rozwiązania te mogą być również wykorzystane do zapewnienia narzędzi do oceny danych terenowych, w przypadku których oczekuje się, że zależność współczynnika dyspersji od skali będzie miała wpływ na migrację zanieczyszczeń w wodach gruntowych. Rozwiązania te są przydatne do porównywania kodów liczbowych i rozwiązań. Rozwiązania te mogą być również stosowane jako wstępne narzędzie prognostyczne w zakresie zasobów wód podziemnych i gospodarki wodami podziemnymi.

(d) Wyniki analityczne porównuje się z liczbowymi i okazuje się, że porozumienie między nimi jest bardzo dobre. Rozwiązanie analityczne powinno być szczególnie przydatne do weryfikacji bardziej kompleksowych modeli numerycznych.

(e) Przeprowadzono badanie parametryczne, a wyniki przedstawiono graficznie w celu zilustrowania rosnących cech rozwiązań. Przewidywano, że wraz ze wzrostem kolejności reakcji chemicznych (n), zmniejszy się stężenie zanieczyszczeń. Wzrost szybkości współczynnika reakcji chemicznej powodował wzrost poziomu stężenia zanieczyszczeń. Współczynnik retardationu uwzględnia wpływ sorpcji na prędkość zanieczyszczeń. Retardation powoduje, że ruch zanieczyszczeń odbiega od średniej prędkości. Współczynnik retardacyjny (R) zmienia globalną średnią prędkość zanieczyszczeń tak, że może być znacznie wolniejszy niż w przypadku wód gruntowych. Wynika to z adsorpcji procesów chemicznych i fizycznych, które zatrzymują zanieczyszczenie i nie pozwalają na jego postęp do momentu osiągnięcia adsorpcji odpowiadającej równowadze adsorpcji chemicznej. Pomaga to przewidzieć nieszkodliwy poziom stężenia w domenie. Smuga zanieczyszczeń poddawana nieliniowej sorpcji zgodnie z izotermą Freundlicha opóźnia procesy adwekcyjne - dyspersyjne i w odniesieniu do smugi bez sorpcji. To czy opóźnienie jest mniej czy bardziej wyraźne w przypadku sorpcji liniowej zależy od wartości współczynnika opóźnienia R. Uzyskany wynik może być pomocny w przewidywaniu poziomów stężenia w przestrzeni i czasie, co może pomóc w zmniejszeniu lub wyeliminowaniu poziomu stężenia w domenie. Można również zaobserwować, że w ośrodku, dla którego wartości a i b są mniejsze, wartości stężenia w określonej pozycji i w określonym czasie są mniejsze niż w ośrodku o większej niejednorodności. Te spadkowe tendencje stężenia zanieczyszczeń w czasie i pozycji mogą pomóc w zrozumieniu tendencji do rekultywacji skażonych wód gruntowych lub obszaru. Można zaobserwować, że jeżeli źródło zanieczyszczenia zostanie w pełni wyeliminowane, wartość szczytowa stężenia obniża się z czasem i ustępuje miejsca początkowi, a zatem uzyskane rozwiązanie może pomóc w przewidywaniu okresu rehabilitacji. Rozwiązanie problemu może być wykorzystane do określenia pozycji i czasu osiągnięcia minimalnego lub maksymalnego lub nieszkodliwego stężenia. Stwierdzamy również, że stężenie zanieczyszczeń zmniejsza się wraz z rosnącym czynnikiem opóźniającym, natomiast zwiększa się wraz z upływem czasu.

ROZDZIAŁ V
WNIOSEK I ZALECENIE

5.1. UWAGI KOŃCOWE

Podano przybliżone rozwiązanie analityczne dla modelu zanieczyszczenia środowiska w obecności przestrzennie zmiennej dyspersji hydrodynamicznej. Na podstawie uzyskanych wyników graficznych wydedukowano następujące uwagi końcowe.

1. Wraz ze wzrostem opóźnienia, zmniejsza się stężenie. Opóźnienie powoduje, że ruch substancji zanieczyszczającej odchyla się od średniej prędkości. Czynnik opóźniający zmienia globalną średnią prędkość zanieczyszczenia, ponieważ może być znacznie wolniejszy niż prędkość wody gruntowej.

2. Wykresy wskazują na spadek stężenia zanieczyszczeń w miarę oddalania się od źródła emisji. Zgadza się to z obserwacjami fizycznymi.

3.Wykres pokazuje również, że stężenie jest wprost proporcjonalne do współczynnika szybkości reakcji chemicznej. Dlatego też wymiar szybkości reakcji chemicznej jest odwrotnie proporcjonalny do wymiaru stężenia.

4. Dyspersja hydrodynamiczna i prędkość przepływu są odwrotnie proporcjonalne do stężenia.

5.2 ZALECENIE

Należy zorganizować konferencję lub warsztaty, na których zostanie zalecona potrzeba zanieczyszczenia o zmiennej dyspersji hydrodynamicznej.

5.3 WKŁAD W WIEDZĘ

1) Podano analityczne i numeryczne roztwory równania zanieczyszczenia o zmiennej dyspersji hydrodynamicznej.

2)W ramach tego projektu opracowano schemat modelu zanieczyszczenia środowiska, dzięki któremu możliwa była praktyczna sytuacja, w której dyspersja hydrodynamiczna nie będzie stała.

REFERENCJE

Adebile E. A. (2004): Existence and Uniqueness of solution for a system of equation of Microwave Heating of Biological Tissues, *Journal of Nigerian Association of Mathematical Physics. 8:177 – 180.*

Aiyesimi, V. M. (2004): Mathematical Modelling of Environmental Pollution Using the Freundlich Non-linear Contaminant Transport Formulation, *Journal of Nigeria Association of Mathematical Physics, 8: 83 - 86.*

Archama, C. i Singh, S. K., (2014): Modelowanie Transportu Zanieczyszczeń ze Składowisk. *International Journal of Engineering Science and Innovative Technology, 3: 2 - 10.*

Atui. Kumar Dilip. K. J. i Naveen. K. (2009): Analityczne rozwiązanie jednowymiarowego równania dyfuzji adwekcyjnej o zmiennych współczynnikach w domenie skończonej J. Earth . Syst. Sci., 118(5) 539 - 549

Ballarini, E., Bauer S., Eberhardt, C. i Beyer, C. (2012): Ocena efektów poprzecznego rozpraszania w eksperymentach zbiornikowych poprzez modelowanie numeryczne: Oszacowanie parametrów, analiza czułości i zmiana projektu eksperymentu. *J. Contam. Hydrol.* 134(6) 22-36.

Bear J. i Bachman. Y (1964) Ogólne równania dyspersji hydrodynamicznej J. Geofizy. Res. 69:2561-2567

Belytschko, T., Krongauz, Y., Organ, D., Fleming, M. i Krysl, P. (1996): Metoda bez oczek sieci: przegląd i rozwój w ostatnim czasie. *Comp. Meth. Appl. Mech. Eng.* , 139(1-4) 3-47.

Belytschko, T., Lu, Y.Y. i Gu, L. (1994b): Złamanie i pęknięcie wzrostu przez bezelementowe metody Galerkina. *Model. Simul. Sci. Compt. Eng.*, 2(3A) 519-534.

Chamkha, A. J. (2007): Numeryczne modelowanie transportu zanieczyszczeń z przestrzennie zależną dyspersją i nieliniową reakcją chemiczną. Non-Linear Analysis (Analiza nieliniowa): *Modelowanie i kontrola, 12 (13): 329 - 343.*

Chem, J. S. i Liu, C. W, (2011): Generalised Analytical Solution for the Advection-Dispersion Equation in Finite Spatial Domain with Arbitrary Time-Dependent Boundary Condition. *Hydrologia i Nauki Systematyczne Ziemi. 15: 2471 – 2479.*

Coetzee, C.J., Vermeer, P.A. i Basson, A.H. (2005): Modelowanie kotwic przy użyciu metody punktu materiałowego. *Int.* Int. *J. Num. Anal. Meth. Geomech.*, 29(9) 879-895.

Constantinos, V. C., Peter, K. K. i Peter, V. R. (1990): Analiza jednowymiarowego transportu przez media porowate z przestrzennie zmiennym współczynnikiem opóźniającym. *Badania zasobów wodnych. 26, (3): 437 – 446.*

Dilip, K. J., Atul. K i Raja, R. Y. (2011): Analytical Solution to the One-Dimensional Advection -Diffusion Equation with temporally Dependent Coefficients. *Journal of Water Resources and protection, 3: 76 - 81.*

Dilip, K., Atul, K. (2011): Analytical Solution of Advection-Dispersion Equation for varying Pulse Type Input Point Source in One-Dimension. *International Journal of Engineering Science and Technology, 3 (1): 22 - 29.*

Fox, P.J., Lee, J.G. i Lenhart, J.J. (2011): Konsolidacja sprzężona i transport zanieczyszczeń w ściśliwych mediach porowatych. *Int. J. Geomech.*, 11(2) 113-123.

Gideon, O. T., Owoloko, E. A. i Osafile, O. E. (2011): A Regular Perturbation Analysis of the Non-Linear Contaminant Transport Equation with an Initial and Instantaneous Point Source. *Australian Journal of Basic and Applied Sciences, 5 (8): 1273 - 1277.*

Guerrero Perez J. S. i Skaggs, T. H. (2010): Analytical Solution for One Dimensional Advection Dispersion Transport Equation with Distance Dependent Coefficients. *Journal of Hydrology. 390: 57 – 65.*

Gurham, G., Halil, K., Derrim, A., Murat, S. i Mutlu, Y. (2013): Numeryczne rozwiązanie równania zanieczyszczenia dyfuzyjnego przy użyciu metody kompaktowej różnicy skończonej Sith Order. *Journal of Applied Mathematics. 13: 1 – 7.*

Kumar, R.P. i Dodagoudar, G.R. (2008): Bezszwowe modelowanie jednowymiarowej migracji zanieczyszczeń. *Geotechnique*, 58(6) 523-526.

Landage, A. B. i Keshari, A. K. (2016): Ground Water Contaminant Transport FDM Modelling for Non-Linear Freundlich and Langmuir Sorption with an Instantaneous Spill. *International Journal of Engineering Research. 2 (5): 265 – 273.*

Linstrum, F.T. i Boersma. I. (1980) Rozwiązania analityczne do transportu konwekcyjnego - dyspersyjnego w podziemnych warstwach wodonośnych o różnych warunkach brzegowych Zasoby wodne, Res 25 (2) 211- 256

Logam. J. D, (1996): Solute Transport in Porous Media with scale Dependent Dispersion and periodic boundary conditions journal of hydrology 184:261-276

Martinus, T., Van, G., Feik, J. L., Todd, H. S., Nubuo, T., Scott A. i Elizabeth, M. (2013): Exact Analytical Solution for Contaminant Transport in rivers. *Journal of Hydrology and Hydromechanics. 2: 146 – 160.*

Massimo, R., David, H., Gabriele, C. i Peter, K. (2012): Eksperymentalne badanie i interpretacja modelowania w skali porów specyficznej dla związków dyspersji poprzecznej w ośrodkach porowatych. *Transport w ośrodkach porowatych*, 93(3) 347-362.

Mategaonkar M i Eldho T.I (2012): Dwuwymiarowe modelowanie transportu zanieczyszczeń przy użyciu metody kolokacji bez siatki. *Eng. Anal. Bound. Elem.* 36(4) 551-561.

Mazaheri, M., Samani, J. M. V. i Samani, H. M. V. (2013): Analytical Solution to One-dimensional Advection-Dispersion Equation with Several Point Sources, through Arbitrary Time-Dependent Emission Rate Patterns. *Journal of Agricultural Science and Technology. 15: 1231-1245.*

Nayroles, B., Touzot, G. i Villon, P. (1992): Generalising the finite element method: diffuse approximation and diffuse elements. *Obliczenia. Mech.* 10(5) 307-318.

Nirmala, T., Datta, D., Kushwahu, H. S. i Ganesam, K. (2012): Analytical Solution of One Dimensional Advection - Dispersion Equation with Interval Parameters. *Journal of Applied Mathematics and Computation. 4(3): 269 – 284.*

Okedoye, A. M., Adeniran, T., Adewale, S. O. i Ayeni, R. R. O. (2006):

Unsteady Magneto-Hydrodynamic (MHD) Flow of a Stretched Vertical Permeable Surface in the presence of Heat Generation/Absorption and a First Order Chemical Reaction. *Journal of Nigerian Association of Mathematical Physics. 10: 503 – 510.*

Patel, A. C. i Pradham, V. H. (2016): Numeryczne rozwiązanie jednowymiarowego równania transportu zanieczyszczeń o zmiennym współczynniku (czasowym) przy użyciu Hear Wavelet. *Global Journal of Pure and Applied Mathematics. 12 (2): 1283 – 1292.*

Patil, S. B. i Chore, H. S. (2014): Transport zanieczyszczeń przez Porowate Media: An Overview of Experimental and Numerical Studies. *Advances International Research. 3 (1): 45 – 69.*

Pintu, D., Sultana, B. i Mritunjay, K. S. (2017): Mathematical Modelling of GROUNDWATER Contamination with Varying Velocity Field. *Journal of Hydrology and Hydromechanics. 2: 192 – 204.*

Ramonu O. J. i Alagbe A. A. (2018): Symulacja numeryczna transportu zanieczyszczeń w glebie zanieczyszczonej ropą naftową. *FUW Trends in Science and Technology Journal, 3(1): 282 - 286.*

Roberto C., Arianna M. i Ombretta P. (2018): Analytical Solution in Closed form of the Advection-Dispersion Equation in One Dimensional Contaminated Soil. *Układ glebowy: 2(40): 2-16.*

Rudraiah, N. i Chiu, O. N., (2007): Dispersion in Porous Media With and Without Reaction: Recenzja. *Journal of Porous Media, 10 (3): 219 - 248.*

Seetha, N., Mohan, M. S., Majid, S. i Amir R. (2014): Transport koloidów wielkości wirusa w pojedynczej porze: Opracowanie modelu i analiza wrażliwości. *Journal of Contaminate Hydrology, 164: 163 - 180.*

Sergio, E. S. (2003): Propagowanie nieliniowego zanieczyszczenia reaktywnego w mediach porowatych. *Water Resources Research. 39 (8): 1 – 14.*

Sharma, P.K., Sawant, V.A., Shukla, S.K. i Khan, Z. (2013): Symulacja eksperymentalna i numeryczna transportu zanieczyszczeń przez glebę warstwową. *Int. J. Geotech. Eng.* (dostępne online).

Singh, M. K., Singh, P. i Singh, V. P. (2010): Analytical Solution for Solute Transport along and against Time-Dependent Source in

Homogeneous Finite Aquifers. *Advanced Theoretical and Applied Mechanics, 3: 119-131.*

Sriraam, A. S., Lot, D. W. i Raghunandan M. E. (2015): Movement of Contaminants through Kaolin Clay; a Numerical Approach. *Journal of Social Science and Humanities, 23 (5): 49 - 58.*

Vrankar, V., Turk, G. i Runovc, F. (2004): Połączenie radialnej funkcji podstawowej schematów euleryjskiego i lagrangijskiego z geostatystyką do modelowania migracji radionuklidów przez geosferę. *Comp. Matematyka. With Appl.* 48(10) 1517-1529.

Vrankar, V., Turk, G. i Runovc, F. (2005): A comparison of the effectiveness of using the meshless method and the finite difference method in geostatistic analysis of transport modeling. *Int. J. Comput. Meth.* 2(2) 149-166.

Xiaoxi, Z., Chao, Z, Namei, G. (2017): Prosta, ale dokładna Metoda Różnicy Skończonej dla równania dyspersji adwekcyjnej. *Journal of Physics. 909: 1 – 4.*

Yadav, R. R., Dilip, K., Gulrama, B. (2011): Analytical Study of Solute Transport in Porous Media with a Periodic Flow. *International Journal of Engineering Research and Applications. 1: 582 – 594.*

Yates . S. R. (1990) .an analytical solution for one dimensional transport in heterogeneous porous medial water .resources 26(10) 2331-2338

Yates. S. R. (1992) rozwiązanie analityczne dla transportu jednowymiarowego w mediach porowatych z wykładniczym rozproszeniem Funkcja Zasoby wodne. Rezerwa 28(8) 2149-2154

Zi, W., Xudong, F. i Guangqian, W. (2016) Concentration Distribution of Contaminant Transport in Wetland Flows. *Journal of Hydrology; 525: 335 - 344.*

DODATKI

SEKCJA A

Strona 1

$$\left(D+\frac{F}{2G}+K\right)^2-\frac{F}{G}\left(D+\frac{F}{2G}+K\right)-\frac{S}{G}$$

$$\left(D+\frac{F}{2G}+K\right)\left(D+\frac{F}{2G}+K\right)-\frac{F}{G}\left(D+\frac{F}{2G}+K\right)-\frac{S}{G}$$

$$=D^2+\frac{FD}{2G}+DK+\frac{FD}{2G}+\frac{F^2}{4G^2}+\frac{FK}{2G}+DK+\frac{FK}{2G}+K^2-\frac{FD}{G}-\frac{F^2}{2G^2}-\frac{FK}{G}-\frac{S}{G}$$

$$=D^2+\frac{FD}{G}+2DK+\frac{FK}{G}+\frac{F^2}{4G^2}+K^2-\frac{FD}{G}-\frac{F^2}{2G^2}-\frac{FK}{G}-\frac{S}{G}$$

$$=D^2+2DK-\frac{F^2}{4G^2}+K^2-\frac{S}{G}$$

$$=D^2+2DK+K^2+\left(\frac{-F^2-4GS}{4G^2}\right)$$

$$=D^2+2DK+K^2-\left(\frac{F^2+4GS}{4G^2}\right)$$

$$=(D+K)^2-\mu^2$$

$$\mu^2=\left(\frac{\sqrt{F^2+4GS}}{2G}\right)\left(\frac{\sqrt{F^2+4GS}}{2G}\right)$$

Przejdź do strony 2:

$$\left(D+\frac{F}{2G}-K\right)^2-\frac{F}{G}\left(D+\frac{F}{2G}-K\right)-\frac{S}{G}$$

$$\left(D+\frac{F}{2G}-K\right)\left(D+\frac{F}{2G}-K\right)-\frac{F}{G}\left(D+\frac{F}{2G}-K\right)-\frac{S}{G}$$

$$=D^2+\frac{FD}{2G}-2DK+\frac{FD}{2G}+\frac{F^2}{4G^2}-\frac{FK}{2G}-DK-\frac{FK}{2G}+K^2-\frac{FD}{G}-\frac{F^2}{2G}+\frac{FK}{G}-\frac{S}{G}$$

$$= D^2 + \frac{FD}{G} - 2DK - \frac{FK}{G} + \frac{F^2}{4G^2} + K^2 - \frac{FD}{G} + \frac{F^2}{2G^2} + \frac{FK}{G} - \frac{F^2}{2G^2} - \frac{S}{G}$$

$$= D^2 - 2DK + K^2 - \frac{F^2}{4G^2} - \frac{S}{G}$$

$$= D^2 - 2DK + K^2 - \left(\frac{F^2 + 4GS}{4G^2} \right)$$

$$= (D-K)^2 - \mu^2$$

Przejdź do strony 3:

$$\left(\frac{F}{2G} + K \right)^2 - \frac{F}{G}\left(\frac{F}{2G} + K \right) - \frac{S}{G}$$

$$= \left(\frac{F}{2G} + K \right)\left(\frac{F}{2G} + K \right) - \frac{F}{G}\left(\frac{F}{2G} + K \right) - \frac{S}{G}$$

$$= \frac{F^2}{4G^2} + \frac{FK}{2G} + \frac{FK}{2G} + K^2 - \frac{F^2}{2G} - \frac{FK}{G} - \frac{S}{G}$$

$$= \frac{F^2}{4G^2} + \frac{FK}{G} + K^2 - \frac{F^2}{2G^2} - \frac{FK}{G} - \frac{S}{G}$$

$$= K^2 - \frac{F^2}{4G^2} - \frac{S}{G}$$

$$= K^2 - \left(\frac{F^2 + 4GS}{4G^2} \right)$$

$$= K^2 - \mu^2$$

Przejdź do strony 4:

$$\left(\frac{F}{2G} - K \right)^2 - \frac{F}{G}\left(\frac{F}{2G} - K \right) - \frac{S}{G}$$

$$= \left(\frac{F}{2G} - K \right)\left(\frac{F}{2G} - K \right) - \frac{F}{G}\left(\frac{F}{2G} - K \right) - \frac{S}{G}$$

$$=\frac{F^2}{4G^2}-\frac{FK}{2G}-\frac{FK}{2G}+K^2-\frac{F^2}{2G^2}+\frac{FK}{G}-\frac{S}{G}$$

$$=\frac{F^2}{4G^2}-\frac{FK}{G}+K^2-\frac{F^2}{2G^2}+\frac{FK}{G}-\frac{S}{G}$$

$$=K^2-\frac{F^2}{4G^2}-\frac{S}{G}$$

$$=K^2-\left(\frac{F^2+4GS}{4G^2}\right)$$

$$K^2-\mu^2$$

Przejdź do strony 5:

$$\frac{1}{(D+K)^2-\mu^2}=\left((D+K)^2-\mu^2\right)^{-1}$$

$$=\left(K^2-\mu^2+2DK+D^2\right)^{-1}$$

$$=\left(\frac{K^2-\mu^2}{K^2-\mu^2}\times\left(K^2-\mu^2\right)+\frac{K^2-\mu^2}{K^2-\mu^2}\times(D^2+2DK)\right)^{-1}$$

$$=\left(K^2-\mu^2\right)^{-1}\left(1+\frac{D^2+2DK}{K^2-\mu^2}\right)^{-1}$$

$$=\frac{1}{K^2-\mu^2}\left(1+\frac{D^2+2DK}{K^2-\mu^2}\right)^{-1}$$

$$=\frac{1}{K^2-\mu^2}\left(1-\frac{D^2+2DK}{K^2-\mu^2}+\left(\frac{D^2+2DK}{K^2-\mu^2}\right)^2+\cdots\right)$$

$$=\frac{1}{K^2-\mu^2}\left(1+\frac{D^2+2DK}{K^2-\mu^2}\right)$$

$D^n x=0\ ,\ n>1$

Podobnie

$$\frac{1}{(D+K)^2+\mu^2} = \frac{1}{K^2-\mu^2}\left(1+\frac{D^2+2DK}{K^2-\mu^2}\right)$$

Przejdź do strony 6:

$$\overline{C}(0,s)=0$$

$$B_3 = -\frac{A_2 n}{a(s+\lambda^2)(K^2-\mu^2)}\left(\frac{2Km_1^2}{K^2-\mu^2}-m_1\right)+\frac{B_2 n}{a(s+\lambda^2)(K^2-\mu^2)}\left(m_2+\frac{2Km_2^2}{K^2-\mu^2}\right)$$

$$B_3 = \frac{-nA_2\cdot 2Km_1^2}{a(s+\lambda^2)(K^2-\mu^2)}+\frac{nA_2m_1}{a(s+\lambda^2)(K^2-\mu^2)}+\frac{nB_2m_2}{a(s+\lambda^2)(K^2-\mu^2)}+\frac{-nB_2\cdot 2Km_{12}^2}{a(s+\lambda^2)(K^2-\mu^2)^2}$$

$$B_3 = \frac{n(B_2m_2+A_2m_1)}{a(s+\lambda^2)(K^2-\mu^2)}-\frac{2Kn(A_2m_1^2-B_2m_2^2)}{a(s+\lambda^2)(K^2-\mu^2)^2}$$

Przejdź do strony 7:

$$\left(\frac{A_4-B_4\cosh\mu}{\sinh\mu}\right)\sinh\mu x+B_4\cosh\mu x$$

$$=\frac{A_4\sinh\mu x}{\sinh\mu}-\frac{B_4\cosh\mu\sinh\mu x}{\sinh\mu}+B_4\cosh\mu x$$

$$=\left(\frac{A_4\sinh\mu x}{\sinh\mu}\right)-\frac{B_4\cosh\mu\sinh\mu x+B_4\cosh\mu x\sinh\mu}{\sinh\mu}$$

$$=\left(\frac{A_4\sinh\mu x}{\sinh\mu}\right)-\frac{B_4\cosh\mu\sinh\mu x+B_4\sinh\mu\cosh\mu x}{\sinh\mu}$$

$$=\left(\frac{A_4\sinh\mu x}{\sinh\mu}\right)-\frac{B_4\sinh\mu\cosh\mu x+B_4\cosh\mu\sinh\mu x}{\sinh\mu}$$

$$=\left(\frac{A_4\sinh\mu x}{\sinh\mu}\right)-\frac{B_4\sinh(1-x)\mu}{\sinh\mu}$$

Przejdź do strony 8:

$$\overline{C}(1,s)=0$$

$$0 = e^{\frac{F}{2G}} \cdot A_3 \sinh\mu + e^{\frac{F}{2G}} \cdot B_3 \cosh\mu - \frac{-n}{a(s+\lambda^2)(K^2-\mu^2)}\left(A_2 m_1^2 e^{m_1} + B_2 m_2^2 e^{m_2}\right)$$

$$+ \frac{A_2 n}{a(s+\lambda^2)(K^2-\mu^2)}\left(\frac{2Km_1^2}{K^2-\mu^2} - m_1\right)e^{m_1} - \frac{B_2 n}{a(s+\lambda^2)(K^2-\mu^2)}\left(m_2 + \frac{2Km_2^2}{K^2-\mu^2}\right)e^{m_2}$$

$$e^{\frac{F}{2G}} A_3 \sinh\mu = -e^{\frac{F}{2G}} B_3 \cosh\mu + \frac{n}{a(s+\lambda^2)(K^2-\mu^2)}\left(A_2 m_1^2 e^{m_1} + B_2 m_2^2 e^{m_2}\right)$$

$$- \frac{A_2 n}{a(s+\lambda^2)(K^2-\mu^2)}\left(\frac{2Km_1^2}{K^2-\mu^2} - m_1\right)e^{m_1} + \frac{B_2 n}{a(s+\lambda^2)(K^2-\mu^2)}\left(m_2 + \frac{2Km_2^2}{K^2-\mu^2}\right)e^{m_2}$$

$$A_3 = -B_3 \coth\mu + \frac{ne^{-\frac{F}{2G}}}{a(s+\lambda^2)(K^2-\mu^2)\sinh\mu}\left(A_2 m_1^2 e^{m_1} + B_2 m_2^2 e^{m_2}\right)$$

$$- \frac{A_2 ne^{-\frac{F}{2G}}}{a(s+\lambda^2)(K^2-\mu^2)\sinh\mu}\left(\frac{2Km_1^2}{K^2-\mu^2} - m_1\right)e^{m_1} + \frac{B_2 ne^{-\frac{F}{2G}}}{a(s+\lambda^2)(K^2-\mu^2)\sinh\mu}\left(m_2 + \frac{2Km_2^2}{K^2-\mu^2}\right)e^{m_2}$$

Z równania (3.42),

$$B_3 = \frac{nB_4}{a(s+\lambda^2)(K^2-\mu^2)} + \frac{B_5 n}{a(s+\lambda^2)(K^2-\mu^2)^2}$$

$$A_3 = -\left[\frac{nB_4}{a(s+\lambda^2)(K^2-\mu^2)} + \frac{B_5 n}{a(s+\lambda^2)(K^2-\mu^2)^2}\right]\coth\mu$$

$$+ \frac{ne^{-\frac{F}{2G}}}{a(s+\lambda^2)(K^2-\mu^2)\sinh\mu}\left(A_2 m_1^2 e^{m_1} + B_2 m_2^2 e^{m_2}\right)$$

$$- \frac{A_2 ne^{-\frac{F}{2G}}}{a(s+\lambda^2)(K^2-\mu^2)\sinh\mu} \cdot 2Km_1^2 e^{m_1} + \frac{A_2 ne^{-\frac{F}{2G}} m_1 e^{m_1}}{a(s+\lambda^2)(K^2-\mu^2)}$$

$$+ \frac{B_2 ne^{-\frac{F}{2G}}}{a(s+\lambda^2)(K^2-\mu^2)\sinh\mu} \cdot m_2 e^{m_2} + \frac{B_2 ne^{-\frac{F}{2G}}}{a(s+\lambda^2)(K^2-\mu^2)^2 \sinh\mu} \cdot 2Km_2^2 e^{m_2}$$

$$A_3 = -\left[\frac{nB_4}{a(s+\lambda^2)(K^2-\mu^2)} + \frac{B_5 n}{a(s+\lambda^2)(K^2-\mu^2)}\right]\coth\mu$$

$$+\frac{ne^{-\frac{F}{2G}}}{a(s+\lambda^2)(K^2-\mu^2)\sinh\mu}\left(A_2m_1^2e^{m_1}+B_2m_2^2e^{m_2}\right)$$

$$+\frac{ne^{-\frac{F}{2G}}}{a(s+\lambda^2)(K^2-\mu^2)\sinh\mu}\left(A_2m_1e^{m_1}+B_2m_2e^{m_2}\right)$$

$$-\frac{2Kne^{-\frac{F}{2G}}}{a(s+\lambda^2)(K^2-\mu^2)^2\sinh\mu}\left(A_2m_1^2e^{m_1}-B_2m_2^2e^{m_2}\right)$$

$$A_3=-\frac{nB_4\coth\mu}{a(s+\lambda^2)(K^2-\mu^2)}-\frac{B_5n\coth\mu}{a(s+\lambda^2)(K^2-\mu^2)^2}$$

$$+\frac{ne^{-\frac{F}{2G}}}{a(s+\lambda^2)(K^2-\mu^2)\sinh\mu}\left(A_2m_1^2e^{m_1}+B_2m_2^2e^{m_2}+A_2m_1e^{m_1}+B_2m_2e^{m_2}\right)$$

$$-\frac{2Kne^{-\frac{F}{2G}}}{a(s+\lambda^2)(K^2-\mu^2)^2\sinh\mu}\left(A_2m_1^2e^{m_1}+B_2m_2^2e^{m_2}\right)$$

$$A_3=-\frac{nB_4\coth\mu}{a(s+\lambda^2)(K^2-\mu^2)}-\frac{B_5n\coth\mu}{a(s+\lambda^2)(K^2-\mu^2)}$$

$$+\frac{nA_4}{a(s+\lambda^2)(K^2-\mu^2)\sinh\mu}+\frac{n\cdot A_5}{a(s+\lambda^2)(K^2-\mu^2)^2\sinh\mu}$$

Gdzie,

$$A_4=e^{-\frac{F}{2G}}\left(A_2m_1^2e^{m_1}+B_2m_2^2e^{m_2}\right)+e^{-\frac{F}{2G}}\left(A_2m_1e^{m_1}+B_2m_2e^{m_2}\right)$$

$$A_5=-2Ke^{-\frac{F}{2G}}\left(A_2m_1^2e^{m_1}-B_2m_2^2e^{m_2}\right)$$

SEKCJA B

1. Ocenić .

$$L^{-1}\left(\frac{nGe^{\frac{Fx}{2G}}}{a(s+\lambda^2)(s-\lambda^2)}\left(\frac{A_4\sinh\mu x}{\sinh x}\right)\right)$$

$s=-\lambda^2 \quad or \quad s=\lambda^2$

$$\lim_{s\to-\lambda^2}\frac{e^{st}(s+\lambda^2)\cdot nG^2 e^{\frac{Fx}{2G}}}{a(s+\lambda^2)(s-\lambda^2)}\left(\frac{A_4\sinh\mu x}{\sinh\mu}\right)$$

$$=\frac{nGA_4}{a}e^{\frac{Fx}{2G}}\frac{e^{-\lambda^2 t}}{(-\lambda^2-\lambda^2)}\frac{\sinh x\eta}{\sinh\eta}$$

$$=\frac{nGA_4}{-2a\lambda^2}e^{\frac{Fx}{2G}}\cdot e^{-\lambda^2 t}\frac{\sinh x\eta}{\sinh\eta} \qquad (1)$$

$$\mu=\frac{\sqrt{F^2-4GS}}{2G}=\frac{\sqrt{F^2+4G\lambda^2}}{2G}=\xi$$

$At \qquad s=\lambda^2$

$$\lim_{s\to\lambda^2}\frac{e^{st}(s-\lambda^2)\cdot nG\cdot e^{\frac{Fx}{2G}}}{a(s+\lambda^2)(s-\lambda^2)}\left(\frac{A_4\sinh\mu x}{\sinh\mu}\right)$$

$$=\frac{nGA_4}{a}\frac{e^{\frac{Fx}{2G}}\cdot e^{\lambda^2 t}}{(\lambda^2+\lambda^2)}\frac{A_4\sinh\mu x}{\sinh\mu}$$

$$=\frac{nGA_4}{2a\lambda^2}e^{\frac{Fx}{2G}}\cdot e^{\lambda^2 t}\frac{\sinh x\xi}{\sinh\xi} \qquad (2)$$

$$\mu=\frac{\sqrt{F^2-4GS}}{2G}=\frac{\sqrt{F^2-4G\lambda^2}}{2G}=\eta$$

$At \qquad s=-\lambda^2$

Dodanie (1) i (2)

$$\frac{nGA_4}{2a\lambda^2}\left[\frac{e^{\lambda^2 t}\sinh x\xi}{2\sinh\xi}-\frac{e^{-\lambda^2 t}\sinh x\eta}{2\lambda^2\sinh\eta}\right] \qquad (3)$$

$$\lim_{s\to S_p}\frac{e^{st}(s-S_p)nGe^{\frac{Fx}{2G}}}{a(s+\lambda^2)(s-\lambda^2)}\left(\frac{A_4\sinh\mu x}{\sinh\mu}\right)$$

$$= \frac{nA_4 G e^{\frac{Fx}{2G}}}{a} \lim_{s \to S_p} \frac{d}{ds} \frac{s - S_p}{\sinh \mu} \lim_{s \to S_p} e^{st} \left(\frac{A_4 \sinh \mu x}{(s + \lambda^2)(s - \lambda^2)} \right) \quad (4)$$

$$\sinh \mu = 0$$

$$\mu = ip\pi$$

$$\mu = \frac{\sqrt{F^2 + 4GS}}{2G}$$

$$= \sqrt{\frac{F^2 + 4GS}{4G^2}} = \sqrt{\frac{F^2}{4G^2} + \frac{S}{G}}$$

$$\mu = \sqrt{\frac{1}{G}} \sqrt{\frac{F^2}{4G} + S}$$

$$\mu = \alpha \sqrt{\lambda_1^2 + S} = ip\pi$$

$$\sqrt{\lambda_1^2 + S} = \frac{-p^2 \pi^2}{\alpha^2}$$

$$S_p = \frac{-p^2 \pi^2}{\alpha^2} - \lambda_1^2$$

$$\frac{d}{ds} \sinh \mu = \alpha \cdot \frac{1}{2} \left(\lambda_1^2 + S \right)^{-\frac{1}{2}} \cosh \left(\alpha \sqrt{\lambda_1^2 + S} \right)$$

$$= \frac{\alpha}{2\sqrt{\lambda_1^2 + S}} \cosh \left(\alpha \sqrt{\lambda_1^2 + S} \right)$$

$$= \frac{\alpha}{\left(\frac{2 \cdot ip\pi}{\alpha} \right)} \cosh \left(\alpha \sqrt{\lambda_1^2 + S} \right)$$

$$= \frac{\alpha^2}{2ip\pi} \cosh \left(\alpha \sqrt{\lambda_1^2 + S} \right)$$

Zastępca w równaniu (4) ...

$$\frac{nGA_4e^{\frac{Fx}{2G}}}{a}\lim_{s\to S_p}\frac{d}{ds}\frac{s-S_n}{\sinh\mu}\cdot\lim_{s\to S_p}e^{st}\left(\frac{A_4\sinh\mu x}{(s+\lambda^2)(s-\lambda^2)}\right)$$

$$\frac{nGA_4e^{\frac{Fx}{2G}}}{a}\lim_{s\to S_p}\frac{1}{\left(\dfrac{\alpha^2}{2ip\pi}\right)\times\cosh\mu}\cdot\lim_{s\to S_p}e^{st}\left(\frac{\sinh\mu x}{(s+\lambda^2)(s-\lambda^2)}\right)$$

$$=\frac{nGA_4e^{\frac{Fx}{2G}}}{a}\lim_{s\to S_p}\frac{1}{\left(\dfrac{\alpha^2}{2ip\pi}\right)\times 1}\cdot e^{\frac{-p^2\pi^2t}{\alpha^2}-\lambda_1^2t}\left(\frac{i\sinh\mu x}{(s_p+\lambda^2)(s_p-\lambda^2)}\right)$$

$$=\frac{nGA_4e^{\frac{Fx}{2G}}}{a}\frac{1}{\left(\dfrac{\alpha^2}{2ip\pi}\right)\times 1}\cdot e^{\frac{-p^2\pi^2t}{\alpha^2}-\lambda_1^2t}\left(\frac{i\sin p\pi x}{(s_p+\lambda^2)(s_p-\lambda^2)}\right)$$

$$=-\frac{nGA_4Ge^{\frac{Fx}{2G}}}{ae^{-\lambda_1^2t}}\left[2\pi\sum_{p=0}^{\infty}pe^{\frac{-p^2\pi^2t}{\alpha^2}}\frac{\sin p\pi x}{\alpha^2(s_p+\lambda^2)(s_p-\lambda^2)}\right]$$

$$=-\frac{nGA_4Ge^{\frac{Fx}{2G}}}{ae^{-\lambda_1^2t}}\left[2\pi\sum_{p=0}^{\infty}p\frac{e^{\frac{-p^2\pi^2t}{\alpha^2}}\sin p\pi x}{\alpha^2(s_p+\lambda^2)(s_p-\lambda^2)}\right] \tag{5}$$

2. Ocenić:

$$L^{-1}\left(\frac{nG^2e^{\frac{Fx}{2G}}A_5}{a(s+\lambda^2)(s-\lambda^2)^2}\left(\frac{\sinh\mu x}{\sinh x}\right)\right)$$

$$\lim_{s\to-\lambda^2}\frac{e^{st}(s+\lambda^2)\cdot nG^2e^{\frac{Fx}{2G}}A_5}{a(s+\lambda^2)(s-\lambda^2)^2}\left(\frac{\sinh\mu x}{\sinh\mu}\right)$$

$$=\frac{nG^2A_5e^{\frac{Fx}{2G}}}{a}\frac{e^{-\lambda^2t}}{(-\lambda^2-\lambda^2)}\left(\frac{\sinh x\eta}{\sinh\mu\eta}\right)$$

$$= \frac{-nG^2 A_5 e^{\frac{Fx}{2G}}}{2a\lambda^4} \cdot e^{-\lambda^2 t} \left(\frac{\sinh x\eta}{\sinh \mu\eta} \right) \qquad (6)$$

$$\mu = \frac{\sqrt{F^2 - 4GS}}{2G} = \frac{\sqrt{F^2 - 4G\lambda^2}}{2G} = \eta$$

$$s = \lambda^2$$

$$\lim_{s \to \lambda^2} \frac{d}{ds} \frac{e^{st}(s-\lambda^2)^2 \cdot nG^2 e^{\frac{Fx}{2G}} A_5}{a(s+\lambda^2)(s-\lambda^2)^2} \left(\frac{\sinh \mu x}{\sinh \mu} \right)$$

$$= \frac{nG^2 A_5 e^{\frac{Fx}{2G}}}{a} \lim_{s \to \lambda^2} \frac{d}{ds} \frac{e^{st}}{a(s+\lambda^2)} \left(\frac{\sinh \mu x}{\sinh \mu} \right)$$

$$\frac{d}{ds} \frac{e^{st}}{(s+\lambda^2)} = \frac{te^{st}}{(s+\lambda^2)} + e^{st} \cdot -1(s+\lambda^2)^{-2}$$

$$= \frac{te^{st}}{s+\lambda^2} - \frac{e^{st}}{(s+\lambda^2)^2}$$

$$\frac{nG^2 e^{\frac{Fx}{2G}}}{a} \lim_{s \to \lambda^2} \left(\frac{te^{st}}{s+\lambda^2} - \frac{e^{st}}{(s+\lambda^2)^2} \right) A_5 \frac{\sinh \mu x}{\sinh \mu}$$

$$= \frac{nG^2 A_5 e^{\frac{Fx}{2G}}}{a} \left(\frac{te^{\lambda^2 t}}{\lambda^2 + \lambda^2} - \frac{e^{\lambda^2 t}}{(\lambda^2 + \lambda^2)^2} \right) \frac{\sinh x\xi}{\sinh \xi}$$

$$= \frac{nG^2 A_5 e^{\frac{Fx}{2G}}}{a} \left(\frac{te^{\lambda^2 t}}{2\lambda^2} - \frac{e^{\lambda^2 t}}{4\lambda^4} \right) \frac{\sinh x\xi}{\sinh \xi} \qquad (7)$$

gdzie

$$\mu = \frac{\sqrt{F^2 + 4GS}}{2G} = \frac{\sqrt{F^2 + 4G\lambda^2}}{2G} = \xi$$

$$\lim_{s \to S_p} \frac{e^{st}(s - S_p) \cdot nG^2 e^{\frac{Fx}{2G}}}{a(s+\lambda^2)(s-\lambda^2)^2} \left(\frac{A_5 \sinh \mu x}{\sinh \mu} \right)$$

$$= \frac{nG^2 A_5 e^{\frac{Fx}{2G}}}{a} \lim_{s\to S_p} \frac{d}{ds}\frac{s-S_p}{\sinh\mu} \lim_{s\to S_p}\left(\frac{A_5 \sinh \mu x}{(s+\lambda^2)(s-\lambda^2)^2}\right) \qquad (8)$$

$$\sinh\mu = 0$$

$$\mu = ip\pi$$

$$\mu = \frac{\sqrt{F^2+4GS}}{2G}$$

$$= \sqrt{\frac{F^2+4GS}{4G^2}} = \sqrt{\frac{F^2}{4G^2}+\frac{S}{G}}$$

$$\mu = \sqrt{\frac{1}{G}}\sqrt{\frac{F^2}{4G}+S}$$

$$\mu = \alpha\sqrt{\lambda_1^2+S} = ip\pi$$

$$\sqrt{\lambda_1^2+S} = \frac{ip\pi}{\alpha}$$

$$\lambda_1^2 + S = -\frac{p^2\pi^2}{\alpha^2}$$

$$S_p = \frac{-p^2\pi^2}{\alpha^2} - \lambda_1^2$$

$$\frac{d}{ds}\sinh\mu = \alpha\cdot\frac{1}{2}\left(\lambda_1^2+S\right)^{-\frac{1}{2}}\cosh\left(\alpha\sqrt{\lambda_1^2 t+S}\right)$$

$$= \frac{\alpha}{2\sqrt{\lambda_1^2+S}}\cosh\left(\alpha\sqrt{\lambda_1^2+S}\right)$$

$$= \frac{\alpha}{\left(\frac{2\cdot ip\pi}{\alpha}\right)}\cosh\left(\alpha\sqrt{\lambda_1^2+S}\right)$$

$$= \frac{\alpha^2}{2ip\pi}\cosh\left(\alpha\sqrt{\lambda_1^2+S}\right)$$

Zastępca w równaniu (8)

$$=\frac{nGA_5 e^{\frac{Fx}{2G}}}{a}\lim_{s\to S_p}\frac{1}{\left(\frac{\alpha^2}{2ip\pi}\right)\times 1}\cdot e^{\frac{-p^2\pi^2 t}{\alpha^2}-\lambda_1^2 t}\left(\frac{i\sin p\pi x}{(s_p+\lambda^2)(s_p-\lambda^2)^2}\right)$$

$$=\frac{nG^2 A_5}{ae^{-\lambda_1^2 t}}e^{\frac{Fx}{2G}}\left[2\pi\sum_{p=0}^{\infty}\frac{e^{\frac{-p^2\pi^2 t}{\alpha^2}}\sin p\pi x}{\alpha^2(s_p+\lambda^2)(s_p-\lambda^2)^2}\right] \tag{9}$$

3. Ocenić:

$$L^{-1}\left(\frac{nGB_4 e^{\frac{Fx}{2G}}}{a(s+\lambda^2)(s-\lambda^2)}\frac{\sinh(1-x)\mu}{\sinh\mu}\right)$$

$$\lim_{s\to-\lambda^2}\frac{e^{st}(s+\lambda^2)nGB_4 e^{\frac{Fx}{2G}}}{a(s+\lambda^2)(s-\lambda^2)}\left(\frac{\sinh(1-x)\mu}{\sinh\mu}\right)$$

$$=e^{-\lambda^2 t}\cdot\frac{nGB_4 e^{\frac{Fx}{2G}}}{a(-\lambda^2-\lambda^2)}\left(\frac{\sinh(1-x)\eta}{\sinh\eta}\right)$$

$$=-\frac{nGB_4 e^{\frac{Fx}{2G}}}{a2\lambda^2}e^{-\lambda^2 t}\left(\frac{\sinh(1-x)\eta}{\sinh\eta}\right) \tag{10}$$

$$\mu=\frac{\sqrt{F^2-4GS}}{2G}=\eta$$

na stronie $s=\lambda^2$

$$\lim_{s\to\lambda^2}\frac{e^{st}(s-\lambda^2)nGB_4 e^{\frac{Fx}{2G}}}{a(s+\lambda^2)(s-\lambda^2)}\left(\frac{\sinh(1-x)\mu}{\sinh\mu}\right)$$

$$=\frac{nGB_4}{a}\cdot\frac{e^{\lambda^2 t}e^{\frac{Fx}{2G}}}{(\lambda^2+\lambda^2)}\left(\frac{\sinh(1-x)\xi}{\sinh\xi}\right)$$

$$=\frac{nGB_4 e^{\frac{Fx}{2G}}}{2a\lambda^2}e^{\lambda^2 t}\left(\frac{\sinh(1-x)\xi}{\sinh\xi}\right) \tag{11}$$

$$\mu = \frac{\sqrt{F^2 + 4GS}}{2G} = \xi$$

na stronie $s = \lambda^2$

Dodać (10) i (11)

$$\frac{nGB_4 e^{\frac{Fx}{2G}}}{2a\lambda^2}\left[e^{\lambda^2 t}\frac{\sinh(1-x)\xi}{\sinh\xi} - e^{-\lambda^2 t}\frac{\sinh(1-x)\eta}{\sinh\eta}\right] \tag{12}$$

$$\lim_{s \to S_p} \frac{nGB_4}{a}\frac{e^{\frac{Fx}{2G}} \cdot e^{st}(s - S_p)}{a(s+\lambda^2)(s-\lambda^2)}\left(\frac{\sinh(1-x)\mu}{\sinh\mu}\right)$$

$$\frac{nGB_4}{a} e^{\frac{Fx}{2G}} \lim_{s \to S_p}\frac{s - S_p}{\sinh\mu} \cdot \lim_{s \to S_p}\frac{\sinh(1-x)\mu}{a(s+\lambda^2)(s-\lambda^2)\sinh\mu} \tag{13}$$

$\sinh\mu = 0$

$\mu = ip\pi$

$$\mu = \frac{\sqrt{F^2 + 4GS}}{2G} = \sqrt{\frac{F^2 + 4GS}{4G^2}}$$

$$\mu = \sqrt{\frac{F^2}{4G^2} + \frac{S}{G}} = \sqrt{\frac{1}{G}}\sqrt{\frac{F^2}{4G} + S}$$

$$\mu = \alpha\sqrt{\lambda_1^2 + S} = ip\pi$$

$$\sqrt{\lambda_1^2 + S} = \frac{ip\pi}{\alpha}$$

$$\lambda_1^2 + S = \frac{-p^2\pi^2}{\alpha^2}$$

$$S_p = \frac{-p^2\pi^2}{\alpha^2} - \lambda_1^2$$

$$\frac{d}{ds}\sinh\mu = \alpha \cdot \frac{1}{2}\left(\lambda_1^2 + S\right)^{-\frac{1}{2}}\cosh\left(\alpha\sqrt{\lambda_1^2 + S}\right)$$

$$= \frac{\alpha}{2\sqrt{\lambda_1^2 + S}} \cosh\left(\alpha\sqrt{\lambda_1^2 + S}\right)$$

$$= \frac{\alpha}{\left(\frac{2 \cdot ip\pi}{\alpha}\right)} \cosh\left(\alpha\sqrt{\lambda_1^2 + S}\right)$$

$$= \frac{\alpha^2}{2ip\pi} \times \cosh\left(\alpha\sqrt{\lambda_1^2 + S}\right)$$

Zastępca w równaniu (13) ...

$$\frac{nGB_4}{a} e^{\frac{Fx}{2G}} \lim_{s \to S_p} \frac{d}{ds} \frac{s - S_p}{\sinh \mu} \cdot \lim_{s \to S_p} e^{st} \frac{\sinh(1-x)\mu}{(s_p + \lambda^2)(s_p - \lambda^2)}$$

$$= \frac{nGB_4}{a} e^{\frac{Fx}{2G}} \frac{1}{\left(\frac{\alpha^2}{2ip\pi}\right) \times 1} \left[\sum_{p=0}^{\infty} \frac{e^{\frac{-p^2\pi^2 t}{\alpha^2} - \lambda_1^2 t} i \sin p\pi(1-x)}{(s_p + \lambda^2)(s_p - \lambda^2)} \right]$$

$$= \frac{nGB_4}{a} e^{\frac{Fx}{2G} - \lambda_1^2 t} \left[2\pi \sum_{p=0}^{\infty} p \frac{e^{\frac{-p^2\pi^2 t}{\alpha^2}} \sin p\pi x}{\alpha^2 (s_p + \lambda^2)(s_p - \lambda^2)} \right]$$

Uwaga $- \sin p\pi x = \sin(1-x)p\pi$

Ale $i \times i = i^2 = -1$

$\sinh ip\pi = i \sin p\pi$

$$= \frac{nGB_4 e^{\frac{Fx}{2G}}}{ae^{-\lambda_1^2 t}} \left[\sum_{p=0}^{\infty} pe^{\frac{-p^2\pi^2 t}{\alpha^2} - \lambda_1^2 t} \frac{\sin p\pi x}{\alpha^2 (s_p + \lambda^2)(s_p - \lambda^2)} \right] \qquad (14)$$

4. Ocenić:

$$L^{-1}\left(\frac{nG^2 B_5 e^{\frac{Fx}{2G}}}{a(s + \lambda^2)(s - \lambda^2)^2} \frac{\sinh(1-x)\mu}{\sinh \mu} \right)$$

$s = -\lambda^2$ *or* $s = \lambda^2$ *twice*

$$\lim_{s\to-\lambda^2}\frac{e^{st}(s+\lambda^2)\cdot nG^2B_5e^{\frac{Fx}{2G}}}{a(s+\lambda^2)(s-\lambda^2)^2}\frac{\sinh(1-x)\mu}{\sinh\mu}$$

$$\frac{e^{-\lambda^2 t}nG^2B_5e^{\frac{Fx}{2G}}}{a(-\lambda^2-\lambda^2)^2}\frac{\sinh(1-x)\eta}{\sinh\eta}$$

$$\frac{nG^2B_5e^{\frac{Fx}{2G}}}{4a\lambda^4}\cdot e^{-\lambda^2 t}\frac{\sinh(1-x)\eta}{\sinh\eta} \tag{15}$$

$$\mu=\frac{\sqrt{F^2+4GS}}{2G},\qquad S=-\lambda^2,\qquad \mu=\frac{\sqrt{F^2-4G\lambda^2}}{2G}=\eta$$

$$\lim_{s\to\lambda^2}\frac{d}{ds}\frac{e^{st}(s+\lambda^2)^2\cdot nG^2B_5e^{\frac{Fx}{2G}}}{a(s+\lambda^2)(s-\lambda^2)^2}\frac{\sinh(1-x)\mu}{\sinh\mu}$$

$$\lim_{s\to\lambda^2}\frac{nG^2B_5}{a}e^{\frac{Fx}{2G}}\frac{d}{ds}\frac{e^{st}}{s+\lambda^2}\frac{\sinh(1-x)\mu}{\sinh\mu}$$

$$\lim_{s\to\lambda^2}\frac{nG^2B_5}{a}e^{\frac{Fx}{2G}}\left(\frac{te^{st}}{s+\lambda^2}-\frac{e^{st}}{(s+\lambda^2)^2}\right)\frac{\sinh(1-x)\mu}{\sinh\mu}$$

$$\frac{nG^2B_5}{a}e^{\frac{Fx}{2G}}\left(\frac{te^{\lambda^2 t}}{2\lambda^2}-\frac{e^{\lambda^2 t}}{4\lambda^4}\right)\frac{\sinh(1-x)\xi}{\sinh\mu} \tag{16}$$

$$\mu=\frac{\sqrt{F^2+4GS}}{2G}=\xi\ ,\ at\quad S=\lambda^2$$

Dodanie (15) i (16)

$$-\frac{nG^2B_5}{2a\lambda^2}e^{\frac{Fx}{2G}}\left[\left(te^{\lambda^2 t}-\frac{e^{\lambda^2 t}}{2\lambda^2}\right)\frac{\sinh(1-x)\xi}{\sinh\xi}+e^{-\lambda^2 t}\frac{\sinh(1-x)\eta}{2\lambda^2\sinh\eta}\right] \tag{17}$$

$$\lim_{s\to S_p}\frac{nG^2B_5}{a}\frac{e^{\frac{Fx}{2G}}\cdot e^{S_p t}(s-S_p)}{a(s+\lambda^2)(s-\lambda^2)^2}\frac{\sinh(1-x)\mu}{\sinh\mu}$$

$$=\frac{nG^2B_5}{a}e^{\frac{Fx}{2G}}\lim_{s\to S_p}\frac{s-S_p}{\sinh\mu}\lim_{s\to S_p}\frac{e^{st}\sinh(1-x)\mu}{(s+\lambda^2)(s-\lambda^2)^2} \tag{18}$$

$$=\frac{nG^2B_5}{a}e^{\frac{Fx}{2G}}\lim_{s\to S_p}\frac{d}{ds}\frac{s-S_p}{\sinh\mu}\lim_{s\to S_p}e^{st}\frac{\sinh(1-x)\mu}{(s+\lambda^2)(s-\lambda^2)^2}$$

$$\sinh\mu=0$$

$$\mu=ip\pi$$

$$\mu=\frac{\sqrt{F^2+4GS}}{2G}$$

$$=\sqrt{\frac{F^2+4GS}{4G^2}}$$

$$\mu=\sqrt{\frac{F^2}{4G^2}+\frac{S}{G}}$$

$$\mu=\sqrt{\frac{1}{G}}\sqrt{\frac{F^2}{4G}+\frac{S}{G}}$$

$$\mu=\alpha\sqrt{\lambda_1^2+S}$$

$$\alpha\sqrt{\lambda_1^2+S}=ip\pi$$

$$\sqrt{\lambda_1^2+S}=\frac{ip\pi}{\alpha}$$

$$\lambda_1^2+S=\frac{-p^2\pi^2}{\alpha^2}$$

$$s\to S_p$$

$$S_p=\frac{-p^2\pi^2}{\alpha^2}-\lambda_1^2$$

$$\frac{d}{ds}\sinh\mu=\alpha\cdot\frac{1}{2}\left(\lambda_1^2+S\right)^{-\frac{1}{2}}\cosh\left(\alpha\sqrt{\lambda_1^2+S}\right)$$

$$=\frac{\alpha}{2\sqrt{\lambda_1^2+S}}\cosh\left(\alpha\sqrt{\lambda_1^2+S}\right)$$

$$= \frac{\alpha}{\left(\frac{2 \cdot ip\pi}{\alpha}\right)} \cosh\left(\alpha\sqrt{\lambda_1^2 + S}\right)$$

$$= \frac{\alpha^2}{2ip\pi} \cosh\left(\alpha\sqrt{\lambda_1^2 + S}\right)$$

Zastępca w równaniu (18) ...

$$= \frac{nG^2 B_5}{a} e^{\frac{Fx}{2G}} \frac{1}{\left(\frac{\alpha^2}{2ip\pi}\right) \times 1} \sum_{p=0}^{\infty} e^{\frac{-p^2\pi^2 t}{\alpha^2} - \lambda_1^2 t} \frac{\sin p\pi(1-x)}{(s_p + \lambda^2)(s_p - \lambda^2)^2}$$

$$= -\frac{nG^2 B_5}{a} e^{\frac{Fx}{2G}} e^{-\lambda_1^2 t} \left[2\pi \sum_{p=0}^{\infty} e^{\frac{-p^2\pi^2 t}{\alpha^2}} \frac{\sin p\pi(1-x)}{\alpha^2 (s_p + \lambda^2)(s_p - \lambda^2)^2} \right] \tag{19}$$

Ale $i \times i = i^2 = -1$

$\sin p\pi(1-x) = -\sin p\pi x$

$$= \frac{nG^2 B_5 e^{\frac{Fx}{2G}}}{ae^{\lambda_1^2 t}} \left[2\pi \sum_{p=0}^{\infty} p \frac{e^{\frac{-p^2\pi^2 t}{\alpha^2}} \sin p\pi(1-x)}{\alpha^2 (s_p + \lambda^2)(s_p - \lambda^2)^2} \right]$$

Zwróć uwagę na to, że $\sin p\pi x = -\sin p\pi(1-x)$

$\mu = ip\pi$

5. Ocenić:

$$L^{-1}\left(\frac{2KG^2}{a(s+\lambda^2)(s-\lambda^2)^2} \left(A_2 m_1^2 e^{m_1 x} + B_2 m_2^2 e^{m_2 x} \right) \right)$$

Słupy są $s = -\lambda^2$ *or* $s = \lambda^2$ *twice*

$$\lim_{s \to -\lambda^2} \frac{e^{st}(s+\lambda^2) \cdot 2KG^2 n}{a(s+\lambda^2)(s-\lambda^2)^2} \left(A_1 m_1^2 e^{m_1 x} + B_2 m_2^2 e^{m_2 x} \right)$$

$$= \frac{e^{-\lambda^2 t} \cdot 2KnG^2}{a(-\lambda^2 - \lambda^2)^2} \left(A_1 m_1^2 e^{m_1 x} + B_2 m_2^2 e^{m_2 x} \right)$$

$$=\frac{2KG^2ne^{-\lambda^2t}}{a(-2\lambda^2)^2}\left(A_1m_1^2e^{m_1x}+B_2m_2^2e^{m_2x}\right)$$

$$=\frac{2KG^2ne^{-\lambda^2t}}{4a\lambda^4}\left(A_1m_1^2e^{m_1x}+B_2m_2^2e^{m_2x}\right) \tag{20}$$

$$\lim_{s\to\lambda^2}\frac{d}{ds}\left(\frac{e^{st}(s-\lambda^2)^2\cdot 2KG^2n}{a(s+\lambda^2)(s-\lambda^2)^2}\right)\left(A_1m_1^2e^{m_1x}+B_2m_2^2e^{m_2x}\right)$$

$$\lim_{s\to\lambda^2}\frac{2KG^2}{a}\frac{d}{ds}\left(\frac{e^{st}}{(s+\lambda^2)}\right)\left(A_1m_1^2e^{m_1x}+B_2m_2^2e^{m_2x}\right)$$

$$\frac{d}{ds}\left(\frac{e^{st}}{(s+\lambda^2)}\right)=\frac{te^{st}}{s+\lambda^2}+e^{st}\cdot-1\cdot(s+\lambda^2)^{-2}$$

$$=\frac{te^{st}}{s+\lambda^2}-\frac{e^{st}}{(s+\lambda^2)^2}$$

$$\lim_{s\to\lambda^2}\frac{2nKG^2}{a}\left(\frac{te^{st}}{s+\lambda^2}-\frac{e^{st}}{(s+\lambda^2)^2}\right)\left(A_1m_1^2e^{m_1x}+B_2m_2^2e^{m_2x}\right)$$

$$\frac{2nKG^2}{a}\left(\frac{te^{\lambda^2t}}{\lambda^2+\lambda^2}-\frac{e^{\lambda^2t}}{(\lambda^2+\lambda^2)^2}\right)\left(A_1m_1^2e^{m_1x}+B_2m_2^2e^{m_2x}\right)$$

$$=\frac{2nKG^2}{a}\left(\frac{te^{\lambda^2t}}{2\lambda^2}-\frac{e^{\lambda^2t}}{4\lambda^4}\right)\left(A_1m_1^2e^{m_1x}+B_2m_2^2e^{m_2x}\right) \tag{21}$$

Dodanie (20) i (21)

$$\frac{nKG^2}{a\lambda^2}\left(A_1m_1^2e^{m_1x}+B_2m_2^2e^{m_2x}\right)\cdot te^{\lambda^2t}-\frac{nKG^2}{a\lambda^4}\cdot\frac{e^{\lambda^2t}}{2}\left(A_1m_1^2e^{m_1x}+B_2m_2^2e^{m_2x}\right)$$

$$+\frac{nKG^2}{a\lambda^4}\cdot\frac{e^{-\lambda^2t}}{2}\left(A_1m_1^2e^{m_1x}+B_2m_2^2e^{m_2x}\right)$$

$$=\frac{nKG^2}{a\lambda^2}\left(A_1m_1^2e^{m_1x}+B_2m_2^2e^{m_2x}\right)\cdot te^{\lambda^2t}-\left[\frac{nKG^2}{a\lambda^4}\left(A_1m_1^2e^{m_1x}+B_2m_2^2e^{m_2x}\right)\left(\frac{e^{\lambda^2t}}{2}-\frac{e^{-\lambda^2t}}{2}\right)\right]$$

$$=\frac{nKG^2}{a\lambda^2}\left(A_1m_1^2e^{m_1x}+B_2m_2^2e^{m_2x}\right)\cdot te^{\lambda^2t}-\left[\frac{nKG^2}{a\lambda^4}\left(A_1m_1^2e^{m_1x}+B_2m_2^2e^{m_2x}\right)\sinh\lambda^2t\right]$$

$$=\frac{nKG^2}{a\lambda^2}\left(A_1m_1^2e^{m_1x}+B_2m_2^2e^{m_2x}\right)\left(te^{\lambda^2t}-\frac{\sinh\lambda^2t}{\lambda^2}\right) \qquad (22)$$

6. Ocenić:

$$L^{-1}\left(\frac{nGx}{a(s+\lambda^2)(s-\lambda^2)}\left(B_2m_2^2e^{m_2x}+A_2m_1^2e^{m_1x}\right)\right)$$

$$(s+\lambda^2)(s-\lambda^2)=0$$

$$x\equiv s=-\lambda^2 \quad or \quad \lambda^2$$

$$\lim_{s\to-\lambda^2}\frac{e^{st}(s+\lambda^2)\cdot nGx}{a(s+\lambda^2)(s-\lambda^2)}\cdot nG\left(A_1m_1^2e^{m_1x}+B_2m_2^2e^{m_2x}\right)$$

$$=\frac{e^{-\lambda^2t}\cdot nGx}{a(-\lambda^2-\lambda^2)}\left(A_1m_1^2e^{m_1x}+B_2m_2^2e^{m_2x}\right)$$

$$=\frac{nGxe^{-\lambda^2t}}{-2\lambda^2a}\left(A_1m_1^2e^{m_1x}+B_2m_2^2e^{m_2x}\right) \qquad (23)$$

$$\lim_{s\to\lambda^2}\frac{e^{st}(s-\lambda^2)\cdot nGx}{a(s+\lambda^2)(s-\lambda^2)}\left(A_1m_1^2e^{m_1x}+B_2m_2^2e^{m_2x}\right)$$

$$=\frac{nGxe^{\lambda^2t}}{2a\lambda^2}\left(A_1m_1^2e^{m_1x}+B_2m_2^2e^{m_2x}\right) \qquad (24)$$

Dodanie (23) i (24)

$$=\frac{nGx}{a\lambda^2}\left(\frac{e^{\lambda^2t}}{2}-\frac{e^{-\lambda^2t}}{2}\right)\left(A_1m_1^2e^{m_1x}+B_2m_2^2e^{m_2x}\right)$$

$$=\frac{nG}{a\lambda^2}\left(A_1m_1^2e^{m_1x}+B_2m_2^2e^{m_2x}\right)x\sinh\lambda^2t \qquad (25)$$

7. Ocenić:

$L^{-1}(\overline{C})$

$$L^{-1}\left(\frac{nG}{a(s+\lambda^2)(K^2-\mu^2)}\left(B_2m_2e^{m_2x}+A_2m_1e^{m_1x}\right)\right)$$

Tyczki są:

$$(s+\lambda^2)(K^2-\mu^2)=0$$

$$s=-\lambda^2 \quad or \quad x=\lambda^2$$

$$\lim_{s\to-\lambda^2}\frac{e^{st}(s+\lambda^2)\cdot nG}{a(s+\lambda^2)(s-\lambda^2)}\left(B_2m_2e^{m_2x}+A_2m_1e^{m_1x}\right)$$

$$=\frac{e^{-\lambda^2t}\cdot nG}{a(-\lambda^2-\lambda^2)}\left(B_2m_2e^{m_2x}+A_2m_1e^{m_1x}\right)$$

$$=\frac{nG}{-2\lambda^2a}e^{-\lambda^2t}\left(B_2m_2e^{m_2x}+A_2m_1e^{m_1x}\right) \tag{26}$$

$$\lim_{s\to\lambda^2}\frac{e^{st}(s-\lambda^2)}{a(s+\lambda^2)(s-\lambda^2)}\cdot nG\left(B_2m_2e^{m_2x}+A_2m_1e^{m_1x}\right)$$

$$=\frac{nGe^{\lambda^2t}}{a(\lambda^2+\lambda^2)}\left(B_2m_2e^{m_2x}+A_2m_1e^{m_1x}\right)$$

$$=\frac{nGe^{\lambda^2t}}{2a\lambda^2}\left(B_2m_2e^{m_2x}+A_2m_1e^{m_1x}\right) \tag{27}$$

Dodanie (26) i (27)

$$=\frac{nG}{a\lambda^2}\left(B_2m_2e^{m_2x}+A_2m_1e^{m_1x}\right)\left(\frac{e^{\lambda^2t}}{2}-\frac{e^{-\lambda^2t}}{2}\right)$$

$$=\frac{nG}{a\lambda^2}\left(B_2m_2e^{m_2x}+A_2m_1e^{m_1x}\right)\sinh\lambda^2t$$

Printed by Books on Demand GmbH, Norderstedt / Germany